청동기 시대의 수학

Mathematics in Bronze Age

IB 수학 지식론

| 박제남·남호영 지음 |

KM 경문사

머리말

2022 개정 수학과 교육과정은 2025년 서·논술 평가 도입, 그리고 2028년 수능의 변화와 맞물려 교육 현장에서 많은 관심을 받고 있다. 서·논술 도입과 절대 평가에서는 공정성의 문제가 대두될 수 있어 IB DP가 에세이 평가를 어떻게 하고 있는지도 큰 관심거리이다.

서·논술형 평가에서 학생 지도의 출발은 "질문을 어떻게 할 것인가?"이다. 이미 그리스 고전기에 플라톤은 질문이 좋으면 교육을 전혀 받지 않은 노예 소년에게도 탁월함을 가르칠 수 있다고 주장하였다. 그는 무리수 $\sqrt{8}$을 기하적, 산술적으로 어떻게 비판적 논의를 통하여 노예 소년을 가르치는지를 보여주고 있다.

"이것이 무엇인가?"는 수학의 본질에 비판적으로 다가서는 질문이다. 학생들은 이로부터 자신의 인지에 대한 행위와 합리적 논의를 시작한다. 그리스 고전기에 대두된 비판적 논의는 현대 사회에 들어와 그 필요성이 새삼 강조되고 있다.

"왜 수학교육에서 비판적 논의가 필요한가?" 첫째, 학생들은 비판적 논의를 통하여 아시아·아프리카의 수학 문화의 가치를 인식하고, 더 나아가 유럽 수학 문화의 가치를 접하는 것이 필요하다. 초중고 수학 내용의 약 80%는 아시아·아프리카 청동기 수학으로 이루어져 있지만 우리는 고대 그리스나 유럽의 수학 문화를 중심으로 학생들을 가르치고 있는 것이 현실이다. 둘째, 현대 사회에 널리 퍼진 챗GPT는 우리나라 수학교육에 비판적 논의를 요구하고 있다. 챗GPT는 사실을 확인하지 않고, 부정확한 사실이나 잘못된 사실도 확신하는 문구와 표현으로 결과물을 제공한다. 이를 챗GPT의 '환각 현상'이라 부른다. 따라서 우리는 "기계가 모방할 수 없는 인간의 특성은 무엇인가?"라는 질문을 끊임없이 제기해야 한다. 우리 저자들은 강력한 인공지능 보편화 시대에 대비하기 위하여 고등학교 수학교육에서 필요한 것은 '창의적 사고능력', '비판적 논의 능력', '본질 탐구를 위한 질문 능력'을 꼽는다.

수학교육의 변화가 필요한 상황에서 저자들은 수학 교실에서 비판적 논의가 활발히 진행될 수 있도록 청동기 시대 아시아·아프리카의 수학 문화 가치 추구를 책으로 엮었다. 비판적 논의가 합리적으로 생성될 수 있도록 지식론 입장에서 탐구 질문을 3단계로 연계하여 각 장의 첫머리에 제시하였다. 수학교사들의 보다 심도 있는 연구를 위하여 관련 논문과 권위 있는 책을 풍부하게 제시하였다.

끝으로 책을 만드는 과정에서 많은 고생을 한 경문사 편집부에 진심으로 감사를 드린다.

2024년 2월

저자 일동

차례

3장 원주율(c.3000 BCE~c.1606 BCE)

4장 동심 정사각형(c.3000 BCE~c.2200 BCE)

서론

이 책은 IB DP나 우리나라 고등학교에서 수학 교과의 지식론(Theory Of Knowledge, TOK)에 사용하기 위하여 저술하였다. 우리는 학생들이 배운 수학(사)을 수동적으로 받아들이기보다는 비판적으로 생각하기를 권장한다. 비판적 사고에는 아시아, 아프리카의 수학 문화의 가치와 전통뿐만이 아니라 유럽 수학 문화의 가치를 올바르게 평가하는 것, 수학의 본질을 탐구하기 위하여 좋은 질문을 하는 것, 타인을 포함한 나의 결론을 검증하는 것 등이 포함된다.

지식론에서의 핵심 질문은 "어떻게 아는가?(How do you know?)"이다. 청동기 시대의 인간만이 아니라 현대의 인간이 "어떻게 아는가?"라는 근원적인 물음을 탐구한다. 이를 통하여 학생은 자신이 가지고 있는 수학 문화의 관점과 가치를 더욱 명료하게 인식할 수 있다.

인간이 수학의 근원적인 물음을 생성하고 고뇌했던 시기는 언제일까? 역사적 기록을 근거로 본다면 청동기 시대라고 할 수 있다. 실제 우리나라 초중고 수학교육과정의 80% 이상은 청동기 시대 수학을 좀 더 쉽게, 기호적으로 다룬다. 따라서 지식론에서의 핵심 질문 "청동기 시대에 우리 인류는 수학의 본질을 어떻게 알았는가?"라는 근원적인 물음을 탐구할 필요가 있다. 청동기 시대 우리 인류가 탐구했던 방법론적 수학의 본질이 현대 사회에 필요한 이유는 찰스 다윈(C. R. Darwin)의 말로 설명할 수 있다.

피에르 후버(P. Huber)는 복잡한 그물을 만드는 애벌레에서 그런 현상을 발견했다. 예를 들어, 그물을 구축하는 단계의 마지막인 6단계까지 완성한 애벌레를 가져다가 3단계까지밖에 만들어지지 않은 그물에 놓자 애벌레는 4, 5, 6단계를 다시 작업했다. 하지만 3단계까지 만들어진 그물에 있던 애벌레를 잡아다가 6단계까지 만들어진 그물에 놓았더니, 애벌레는 횡재했다고 느끼기는커녕 어찌할 바를 모르는 것 같았다. 애벌레는 그물을 완성하기 위해 3단계부터 다시 작업하려는 것처럼 보였고, 그런 식으로 이미 끝난 일을 완성하기 위해 애썼다(C.R.Darwin, 《종의 기원》).

먼저 현대 사회가 사용하고 있는 "수학의 정의"를 알아보자.

1. 수학의 정의

수학은 흔히 수, 양, 구조, 변화를 다루는 학문으로 생각하나 최근에는 다음과 같이 수학의 정의(definition of mathematics)가 합의되었다.

- 미국 수학교육에서는 수학을 '패턴과 순서의 과학(A science of pattern and order)'으로 정의한다.
- IB DP 수학교육에서도 수학을 '구조, 순서 그리고 관계의 학문(The study of structure, order and relation)'으로 정의한다.

이 책에서 우리 저자들은 수학을 '패턴과 순서의 과학'으로 보는 정의를 따르고자 한다.

패턴의 과학인 수학은 우리가 사는 물리적, 생물학적, 사회학적 세계와 마음과 생각의 내면세계를 모두 보는 방식이다. 패턴의 다양한 종류에 따라 수학의 여러 분야가 생겨났다. 예를 들어, 산술학과 수 이론은 셈의 패턴을 연구한다. 기하학은 모양의 패턴을 다룬다. 미적분은 움직임의 패턴을 다룰 수 있게 하며 확률론은 우연의 패턴을 다룬다. 논리학은 추론의 패턴을 연구하며 위상수학은 근처에 있음과 위치의 패턴을 연구한다.

2. 인간 사고의 수학적 양상

수학의 정의에 비추어 우리 인류가 수학에 어떻게 본질적으로 접근해 왔는지 알아보자. 이를 바탕으로 청동기 시대에 우리 인류가 '패턴'과 '순서'에 어떻게 접근해 왔는지 알아볼 것이다.

진화론, 철학, 뇌과학, 교육학 등의 수많은 학자가 인간의 사고과정에 대해 연구한 결과 모두를 '집합 A'라고 하자. 이 집합 A를 부르는 명칭은 하나가 아니다. 미국 수학교육에서는 사고의 양상(Modes of Thought), 컴퓨테이셔널 사고교육에서는 분류(Taxonomy), IB 교육에서는 빅아이디어(Big Idea)라고 부른다.

이제 수학을 잘 가르치기 위하여 패턴과 순서와 관련된 인간의 사고과정을 집합 A에서 꺼내 보자. 그것을 미국 수학교육에서는 6가지로 선정하여 '사고의 수학적 양상', IB 고등학교 수학교육에서는 12가지로 선정하여 '12 개념'이라 부른다.

1) 미국 수학교육: 사고의 수학적 양상

미국 수학교육에서는 인간 사고의 수학적 양상(mathematical modes of thought)을 6가지로 분류한다(National Research Council, 1989). 그 6가지는 다음과 같고, 이를 바탕으로 수학의 본질을 탐구한다.

모델링 Modeling	최적화 Optimization	기호화 Symbolism
추론 Inference	논리적 해석 Logical Analysis	추상화 Abstraction

〈사고의 수학적 양상〉

모델링(Modeling)
중요하고 유용한 특징을 포착하는 정신적 구성(종종 시각적 또는 상징적)에 의하여 실세계 현상을 표현한다.

최적화(Optimization)
"만약"을 묻고 모든 가능성을 탐색하여 최상의 해집합(최소 비용 또는 가장 효율적인)을 찾는다.

기호화(Symbolism)
자연어를 질서적인 형태로 추상 개념의 상징적 표현으로 확장하여 의사소통과 계산을 모두 가능하게 한다.

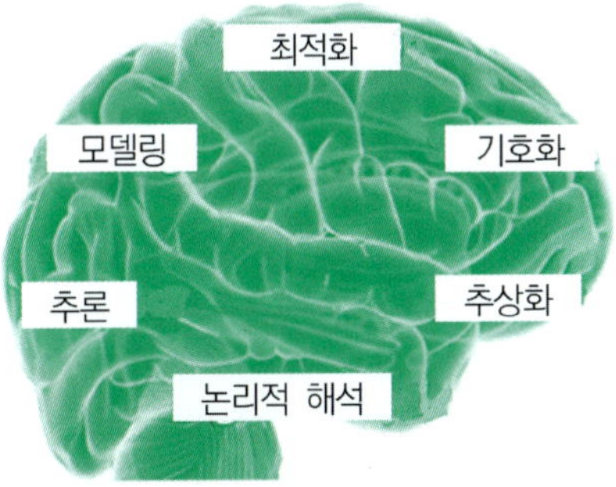

추론(Inference)
데이터, 전제조건, 그래프, 불완전하고 불일치한 출처로부터 추론한다.

논리적 해석(Logical Analysis)
전제조건의 결과를 찾고 관찰된 현상을 설명하기 위한 제일 중요한 원리를 찾는다.

추상화(Abstraction)
특별한 연구를 위해 여러 가지 서로 다른 현상에서 공통된 특정 성질을 찾아낸다.

추상화에 대한 간단한 예를 들어보자. 인간은 수백만 년 넘게 둥근 모양을 하늘이나 땅에서 보았다. 인간은 둥근 모양들을 관찰하며 공통된 특정 성질이 무엇인지 찾으려 했다. “이 수많은 원 모양이 가지고 있는 공통된 성질이 무엇일까?”를 생각했을 것이다. “둥근 것은 아름답다”, “동그라미는 굴리기 쉽다” 등 많은 공통된 설명을 해왔을 것이다. 결국 청동기 시대 사람들은 원주와 지름의 비가 항상 같은 상수라는 공통점을 찾았다. 이와 같은 사고의 양상을 ‘추상화’라 부른다. 여기서 IB DP 수학과 교육과정에서 빈번히 사용되는 모델링을 도식화하면 다음과 같다.

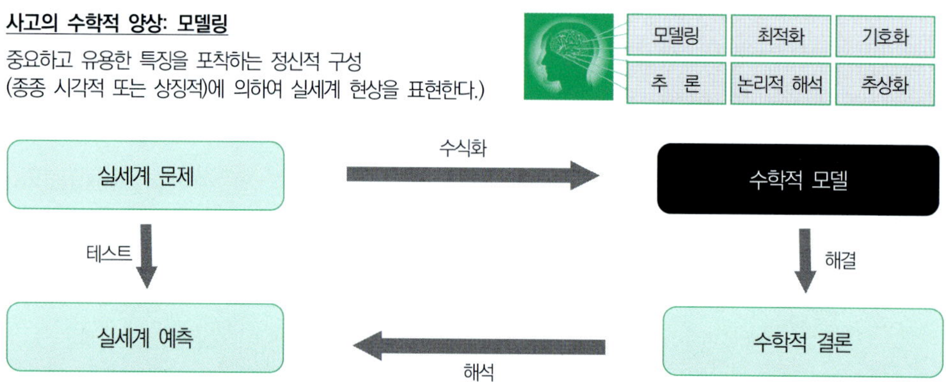

관찰 등을 통하여 실세계 문제를 인식하고 이를 수식 등을 사용하여 수학적 세계로 옮겨간다. 옮겨온 수식을 풀어 수학적 결론을 도출한다. 도출된 결론을 바탕으로 실세계 문제를 더 광범위하게 해석한다.

이와 같은 구도는 “컴퓨테이셔널 사고” 교육에서도 찾아볼 수 있다.

2) 컴퓨테이셔널 사고 교육: 분류(Taxonomy)

‘컴퓨테이셔널 사고(computational thinking, CT)’란 컴퓨팅에 기초한 개념을 활용하여 문제 해결, 시스템 설계, 인간의 행동 이해 등에 접근하는 방식을 말한다. 여기서 ‘컴퓨팅’이란 매우 광범위한 개념으로, 컴퓨터 과학, 컴퓨터 공학, 통신, 정보과학 및 정보기술을 아우르는 분야를 의미한다. CT는 미국 초중고 컴퓨터 사이언스 교육 표준(computer science standards)을 구성하는 5 개념 중에 하위 개념(sub-concepts)이다. 우리나라에서는 이를 소위 ‘컴퓨팅 사고 교육’이라는 용어로 소개되었고 최근에는 ‘인공지능 교육’이라 번역하여 부르고 있다.

〈컴퓨터 사이언스 교육 표준〉

5 개념	15 하위 개념
컴퓨팅의 영향 (Impact of Computing)	사회(Society) 윤리(Ethics) 접근성(Accessiblilty) 진로(Career Paths)
컴퓨테이셔널 사고 (Computational Thinking)	모델링과 시뮬레이션(Modeling and Simulation) 데이터 해석과 시각화(Data Analysis and Visualization) 추상화와 분해(Abstraction and Decomposition) 알고리즘과 프로그래밍(Algorithmics and Programming)
네트워크와 시스템 디자인 (Networks and System Design)	하드웨어와 소프트웨어(Hardware and Software) 네트워크와 인터넷(Network and the Internet)
사이버 보안(Cyber Security)	위험(Risks) 보호장치(Safeguard) 응답(Response)
디지털 문해력(Digital Literacy)	디지털 이용(Digital Use) 디지털 시민권(Digital Citizenship)

〈컴퓨테이셔널 사고의 분류〉

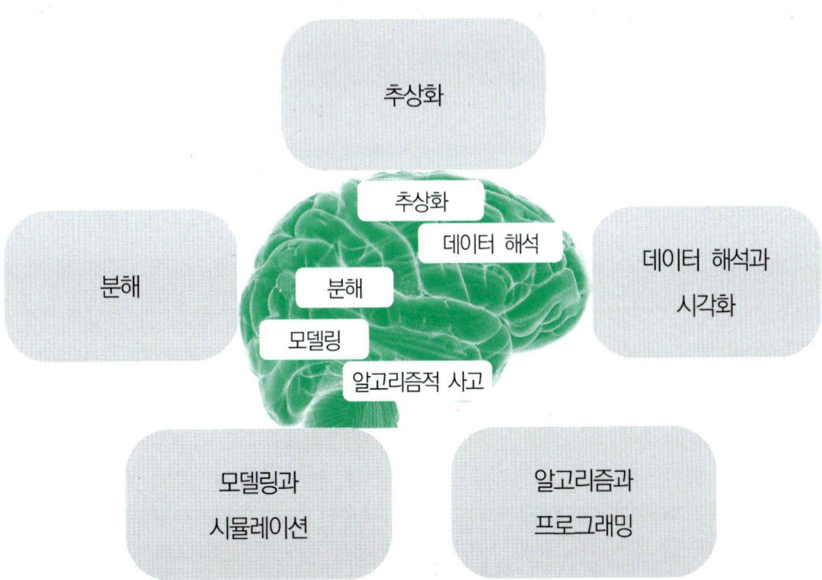

우리가 IB 교육과 CT 교육에서 알아보았듯이, 이제 IB DP에서 '인간 사고의 수학적 양상'을 어떻게 수용하는지 보자.

3) IB DP 수학교육: 12 개념

미국 수학교육에서는 수학의 본질을 탐구하는 교사의 수업 설계를 위하여 '사고의 수학적 양상'을 6가지의 카테고리로 도입하는 데 반하여, IB DP는 '연계(connections) 교육' 설계를 위하여 '12 개념'이란 용어를 사용하여 인간 사고의 수학적 양상을 다음과 같이 12개의 카테고리로 세분화하여 도입한다.

근삿값 Approximation	변화 Change	동치 Equivalence
일반화 Generalization	모델링 Modeling	패턴 Patterns
수량 Quantity	관계 Relationships	표현 Representation
공간 Space	시스템 Systems	타당성 Validity

- IB DP에서는 용어 '12 개념'을 사용하고 있지만 12개 중에서 소위 '개념'이라는 범주로 보기 어려운 것들도 있다. 그런데도 IB DP에서 이와 같은 12 개념을 제시한 이유는 교육 이론에 집착하기보다는 미국 수학교육이나 컴퓨테이셔널 사고 교육을 참고하여 대다수의 유럽 수학교사들이 IB DP의 도입 취지를 이해하고 수업 설계에서 활용될 수 있도록 하기 위함으로 보인다.
- IB에서는 '개념(concept)'을 정의하지 않는다. IB에서는 "개념은 학생들이 수학의 본질을 탐구할 수 있는 수단을 제공하며, 넓고 균형 잡힌 개념적이고 연결된 교육과정의 발전을 촉진한다"로 그 기능을 소개한다. 또한, 12 개념을 '빅 아이디어(Big Ideas)'라고 언어의 반복으로 설명하면서 이에 대한 도입 취지를 "교과 내 토픽(topics) 또는 교과 간 주제(subjects)의 연계가 용이하고 관련성 있게 이루어지기 위한 것"이라고 IB DP에서 명확히 명시한다. 다시 말하면 IB DP 수학교육이 도입한 '12 개념'은 연계 교육을 위한 것이라고 해도 무방하다. 국내 일부 교육학자가 '12 concepts'의 번역으로 사용하는 용어 "핵심 개념"은 적합한 번역으로 보기 어렵다. "핵심 개념"이란 용어는 관련된 개념 중에서 핵심적인 것을 의미한다는 해석이 가미되어 '12 개념' 사용에 오해를 낳을 수 있다. '12 개념'은 IB DP가 수학과 관련된 인간의 사고과정을 12개로 범주화한 것이다. 여러 수학적 개

념 중에서 핵심적인 것이라고 오해하면 안 된다.

4) 우리나라 수학교육: 핵심개념과 지식 · 이해

이와 같은 맥락에서 우리나라도 IB 수학교육에서의 DP(12 concepts)나 MYP (key concepts)[1]에 해당하는 것은 2015 개정 수학과 교육과정에서는 '핵심 개념', 2022 수학과 교육과정에서는 '지식 · 이해'를 사용하고 있다. 우리나라 수학교육과정에서 이것들은 단원명을 뜻한다. 즉, 다항식, 행렬, 경우의 수 등을 과거에는 핵심개념이라고 하였고, 앞으로는 지식이나 이해로 본다는 것이다. 참고로 우리나라 수학교육은 (1) 총론, (2) 교과로서 수학과의 정의, (3) 수학의 특성을 다음과 같이 기술한다.

> 총론 교육과정에서는 교육 환경 변화에 대처하고 국가 · 사회적 요구를 반영하여 미래 사회가 요구하는 '포용성과 창의성을 갖춘 주도적인 사람'이라는 인간상을 제시하였다. (중략) 수학과는 수학의 개념, 원리, 법칙을 이해하고 주변의 여러 가지 현상을 수학적으로 관찰하고 해석하며 논리적으로 사고하고 합리적으로 문제를 해결하는 능력과 태도를 기르는 교과이다. 수학은 오랜 역사를 통해 인류 문명 발전의 원동력이 되어 왔으며, 세계화 · 정보화가 가속화되는 미래 사회의 구성원이 지녀야 할 역량을 기르는 데 필수적이다.

3. 3단계 탐구질문 구성

우리 필자들은 청동기 시대 특정 주제를 선정하여 탐구를 위한 발상이나 토론을 제시하였다.

MYP에서는 탐구 질문(inquiry questions)을 3단계 "사실을 묻는 질문, 개념적 이해를 요구하는 질문, 논쟁을 유발하는 질문"[2]으로 나누어 제시하고 DP의 지식론에서는 단계 없이 질문을 제시한다. 우리는 이를 참고하여 한 단계 나아간, 우리나라

1 Key concepts promote the development of a broad curriculum. They represent big ideas that are both relevant within and across disciplines and subjects (MYP Mathematics Guide, 2020).

2 MYP Mathematics Guide(p.20).

의 수준 높은 수학교육에 어울리는 방안을 제시하였다. 각 단계는 서로 독립적인 것이 아니라 긴밀하게 연결 지어져 있다. 이는 주어진 '수학의 본질'을 탐구하기 위한 '수행'을 3단계로 제시한 것이다. MYP의 분류는 벤자민 블룸(Benjamin Bloom)의 분류와 같은 맥락이다.

사고단계	연계형 3단계 탐구질문	블룸의 분류
1	사실을 묻는 질문 (Factual Questions)	기억하기, 이해하기
2	개념적 이해를 요구하는 질문 (Conceptual Questions)	적용하기, 해석하기
3	논쟁을 유발하는 질문 (Debatable Questions)	평가하기, 성찰하기

0 장

곱셈식과 단위분수

(c.3400 BCE~c.1606 BCE)

사고의 수학적 양상(mathematical modes of thought)

0장에서는 청동기 시대의 이집트 곱셈식과 단위분수 체계를 다룬다. 본 주제와 관련된 청동기 시대 인간 사고의 수학적 양상은 최적화(optimization)로 볼 수 있다. 기호화, 모델링, 추상화 역시 본 장과 관련된 사고의 수학적 양상이다.

교육분야	용어	해당 카테고리
미국 수학교육	사고의 수학적 양상	모델링, 최적화, 기호화
IB DP 수학교육	12 개념	모델링, 표현, 근삿값
CT 교육	분류	알고리즘과 프로그래밍, 분해

국제적 소양(international mindedness)

수학은 모양(geometry)과 산술(arithmetic)의 학문이다. 이 장에서 우리는 사회적 산물로서의 수학(산술)이 고대 이집트에서 어떻게 발전하고 중세를 거쳐 고대 이집트적 산술이 지중해를 통하여 유럽에 전파된 경로를 살펴본다. 현대수학에서 중요한 역할을 하는 최적화 알고리즘(greedy algorithm), 이진법(binary number system), 반복결정법(regular falsi method)이 청동기 시대 고대 이집트의 산물임을 확인할 수 있다. 헬레니즘 시대(Hellenistic, 323~32 BCE)의 유클리드의 알고리즘(Euclidean algorithm)은 이집트의 곱셈 알고리즘(doubling rule)과 함께 현대 암호학 분야에 영향을 끼치고 있다.

이 장을 통하여 학생들은 청동기 시대 아프리카의 가치를 살펴볼 수 있으며 수학 문화의 발전이 독립적이 아닌 상호 교류에 의한 결과임을 확인할 수 있다.

개념 이해

- 청동기 시대 동일한 수의 중복 덧셈 횟수를 고대 이집트인들이 어떻게 줄이려 했으며 그와 같은 시도가 현대 과학에 어떤 영향을 끼쳤는지를 이해한다.
- 단위분수의 필요성을 이해하고 고대 이집트, 이슬람, 지중해를 통하여 유럽에 전파되고 발전하는 과정을 이해한다.
- 청동기 시대 아프리카의 수학 문화적 가치를 현대 과학의 입장에서 이해한다.
- 거대 문명 간 상호 수학 문화 교류의 가치를 이해한다.
- 고대 그리스가 고대 이집트로부터의 수학 문화를 차용하거나 접촉했을 개연성을

제기할 수 있다.

- 수학이 사회적 산물인 것을 이해한다.
- 수학이 발견인지 발명인지에 대한 문제를 제기할 수 있다.

지식론(theory of knowledge)

이 장에서 우리가 3단계로 제시하는 지식론의 주제는 모두 7가지이다.

주제1 아메스 파피루스	
1	고대 이집트 서기 아메스가 87개의 문제가 수록된 수학책을 저술한 역사적 배경은 무엇일까?
2	아메스의 수학책 저술의 구성 원리는 무엇인가?
3	흔히 우리는 탈레스를 최초의 수학자라고 소개하곤 한다. 아메스는 수학자인가?
주제2 고대 이집트의 곱셈식	
1	고대 이집트 학생들은 곱셈식을 어떻게 구했을까?
2	곱셈식이란 무엇인가?
3	고대 이집트 학생들의 곱셈법을 현대 과학에서 말하는 '이진법'으로 볼 수 있는가?
주제3 13세기 유럽의 곱셈식	
1	1202년 피보나치는 곱셈식을 어떻게 구했을까?
2	피보나치의 곱셈식의 대수적 배경은 무엇인가?
3	피보나치의 산술의 역사적·지리적 배경은 무엇인가?
주제4 등비수열과 그 유한 합	
1	공비가 7인 등비수열이 고대 이집트, 13세기 유럽 그리고 현대 유럽에서 어떤 형식으로 존재하고 있는가?
2	등비수열이란 무엇인가?
3	4000년 이상 등비수열의 수학 문화적 전이가 가능한 이유는 무엇인가?
주제5 단위분수	
1	예를 들어, 연산 $\frac{1}{2}+\frac{1}{8}=\frac{5}{8}$와 이에 대한 역연산 $\frac{5}{8}=\frac{1}{2}+\frac{1}{8}$의 차이는 무엇인가?
2	고대 이집트 학생들은 분수를 어떤 수학적 원리로 단위분수의 합으로 분해했는가?
3	고대 이집트인들은 왜 단위분수를 도입했을까?
주제6 몫과 나머지	
1	두 자연수의 몫과 나머지는 어떻게 구할 수 있을까?
2	몫과 나머지를 거듭 사용하는 유클리드의 알고리즘의 용도는 무엇인가?
3	헬레니즘 당시 알렉산드리아에서 연분수를 도입한 배경은 무엇인가?

주제7 유리화	
1	$\frac{1}{\sqrt{2}+1}$ 은 어떻게 유리화하는가?
2	유리화가 가능한 이유는 무엇인가?
3	유리화의 목적은 무엇인가?

선행지식

- 두 자연수의 비율
- 단위분수와 분수의 사칙연산
- 가분수와 대분수
- 약수와 배수, 몫과 나머지
- 거듭제곱
- 항등식 $(a+b)(a-b)=a^2-b^2$
- 진법(십진법, 이진법, 육십진법)

교사의 암묵지를 위한 주제

- 최적화 알고리즘(greedy algorithm)
- 이진법(binary number system)
- 반복결정법(regular falsi method)
- 고대 이집트의 측정체계(길이, 넓이, 부피, 기울기 등)
- 축의 시대(axial age), 고대모델, 아리안모델
- 고대 문명의 특징
- 헬레니즘 시대의 수학과 과학의 발달
- 압바스조와 지혜의 전당
- 12세기 르네상스
- RSA 알고리즘 (유클리드의 알고리즘, 오일러 정리, 오일러 함수)
- 유클리드의 알고리즘과 연분수
- 연분수와 근삿값
- $\mathbb{Q}[\sqrt{2}]$에 대한 체이론(field theory)

제 1 절 수학의 기원

1. 수학의 기원

수학의 역사에서 탈레스와 피타고라스는 수학의 기원을 연 인물로 알려져 왔다. 탈레스는 최초의 자연철학자, 최초의 수학자라고 불리기도 한다. 그럼 탈레스 이전에는 수학이 없었을까? 이 질문에 대해서 생각해보기 위해서는 역사의 기록과 해석은 실제 벌어진 역사와는 다를 수 있다는 점에 주의해야 한다.

철학자 칼 야스퍼스는 "기원전 6세기와 5세기에 불가사의한 삼투현상에 의해 동시대적인 문화적 약진이 있었는데 바로 그때 진정한 종교, 철학, 과학이 시작되었다. 중국에서 공자와 노자가, 인도에서 부처가, 페르시아에서 조로아스터가 활동했고, 바빌로니아에서 유대교가 창시되었는데 그중에서도 가장 중요한 것은 그리스의 기적으로 소크라테스, 플라톤, 아리스토텔레스에 의하여 이루어진다"라고 하며 이 시기를 축의 시대(axial age)라고 명명하였다. 야스퍼스는 축의 시대를 설정함으로써 이집트의 기원을 부정한 셈이다. 이와 비슷하게 인문학자 앙드레 보나르(Bonnard 2011)는 탈레스의 등장에 대하여 "인류의 역사에서는 마치 폭발처럼 갑작스럽게 새로운 형태의 행동이나 사고가 나타나는 순간이 있다. 아시아 대륙에 위치한 그리스, 그러니까 이오니아에서 기원전 7세기 말 무렵에 탈레스와 그를 따르는 학파와 더불어 과학, 즉 합리적인 과학 지식이 출현한 것도 그런 식이었다"라고 설명하였다.

수학자 다르코 벨잔(Veljan 2000)도 피타고라스의 출현을 축의 시대로 설명하였다. 수학의 역사에서 축의 시대는 탈레스나 피타고라스의 출현을 설명하는 개념이다. 그들의 학문적 성취를 고대 이집트나 메소포타미아의 학문적 영향을 완전히 배제하고 자생적인 것으로 추켜세워 수학의 기원을 오로지 고대 그리스에 두는 개념이다(박제남 2014a; 2014b). 고대 그리스의 수학은 과연 그 이전의 수학과는 독립적으로 생겨난 것일까?

마틴 버낼은 그의 저서 《블랙 아테나 2》에서 광범위한 역사적 자료를 바탕으로 축의 시대를 반박한다. 그중 조로아스터나 공자와 관련한 부분을 보자(Bernal 2012).

> 위대한 종교개혁가 조로아스터가 기원전 2000년기에 살았다는 강력한 주장이 나왔고 공자는 그가 고대 문명의 전달자라고 주장했다. 기원전 2000년기 후반에 그리고 더 이르게는 중반에도 완전히 '공자적인' 세계관이 있었을 가능성이 높다. 이처럼 '축의 시대'의 중국이라는 '버팀대'는 이제 흔들리고 있는 것 같다.

기원전 5, 6세기가 아니라 기원전 2000년기에 조로아스터가 살았다는 이야기와 함께 기원전 2000년기에 공자의 세계관과 비슷한 세계관이 이미 있었으니 축의 시대라는 설정이 타당하지 않다는 반박이다.

그러면 수학의 기원은 언제 열렸을까? 가능한 한 인류 역사를 멀리 거슬러 올라가서 수학의 출현을 살펴보자.

기원전 5,000년경까지도 나일강 하류의 대부분은 사막이었다. 지중해 수면이 오늘날의 수면 높이만큼 상승하자 기원전 3,500년경에 평원을 가로지르는 수로가 만들어졌다. 식량을 확보하면서 촌락이 형성되었다. 국가가 수립되면서 기록과 수학도 발달하였다.

발견된 이집트의 문서 중 가장 오래된 나르메트 팔레트는 기원전 3,200년경의 것이다. 통일 왕조의 문을 연 초대 파라오 나르메트가 상이집트와 하이집트를 통일한 내용이 기록되어 있다. 통일 이집트의 진정한 첫 번째 통치자는 나르메트의 아들인 호루스 아하(Horus Aha)이다. 호루스 아하 시대의 까다로운 상형문자는 비공식적인 흘림체 문자로 발전하였다. 이집트 서기가 일상적인 기록 용도로 사용한 것은 '신관문자'였다. 이는 상형문자와 관련된 필기체 형식의 흘림체 문자로 파피루스에 펜으로 쓰기 적합한 형태이다. 이제 서기는 멀리 보낼 명령을 신속하게 작성할 수 있고 회신도 받을 수 있게 되었다. 나일강 범람의 높이를 기록하여 멤피스까지 보낼 수 있었고, 멀리 있는 촌락의 세대수와 소의 마릿수도 알 수 있었다. 문자와 숫자는 신전의 층수, 옥수수밭의 규모, 선원에게 제공된 빵 덩어리의 개수, 왕의 묘실에 필요한 벽돌 수량을 계산하는 데도 사용되었다. 서기들은 사람의 신체를 기준 삼아 정한 간단한 길이 측정 수단과 입체 측량 표준단위를 적용하여, 부피와 수량을 측정하고 비율을 계산하였으며 토지를 측량하였다.

그리스 지리학자 헤케데우스는 '이집트는 강의 선물'이라 하였다. 그는 이집트 문명의 출현을 나일강의 연례적 홍수에 기인한 것으로 보았다. 7, 8, 9, 10월은 홍수가 발생하는 우기로 이집트인들은 나일강의 범람과 수위 변화를 자세히 알고 있었고 그 주기에 맞추어 생활하였다. 이와 같은 이유에서 헤로도토스는 기하학의 기원을 고대 이집트에 둔다(Herodotos 2012, 2권. 109).

> 사제들에 따르면 왕은 또 국토를 나누어 전 아이굽토스인들에게 같은 크기의 네모난 땅을 주고 해마다 소작료를 받아 세수를 충당했다. 받은 땅의 일부가 강물에 떠내려갔을 경우 당사자는 왕을 찾아가 신고했다. 그러면 왕이 조사관들을 파견해 할당된 땅이 얼마나 줄었는지 다시 측량하게 하여 땅이 준 만큼 소작료를 줄여주었다. 내 생각에, 그런 연유로 기하학이 창안되어 헬라스로 수입된 것 같다. 해시계와 해시계의 바늘과 하루를 12부분으로 나누는 지식은 헤라스인들이 바빌론인들에게 배웠기에 하는 말이다.

플라톤은 기원전 370년에 쓴 대화록 《파이드로스, Phaedrus》에서 수학의 근원을 이집트로 언급한다(Plato 2008, 274d).

> 소크라테스: (…) 이집트의 Naucratis 지방에는 옛 토착신들 가운데 어떤 신이 있었는데, 그 신은 사람들이 Ibis라고 부르는 성스러운 새의 주인이었다네. 그 신의 이름은 Theuth였지. 이 신이 맨 처음 수와 계산법, 기하학, 천문학, 체커와 주사위 게임을 발명했지, 그러나 이들 가운데 최고는 문자라네 (…)

아리스토텔레스는 "수학은 이집트에서 탄생한 것"이라고 말했는데, 헤로도투스(Herodotus), 디오도루스(Diodorus), 디오게네스 라에르티우스(Diogenes Laertius), 이암블리코스(Iamblichus) 등의 고대 작가들도 기하학의 근원을 이집트라고 말한다(Cajory 1991). 역사학자 디오프(Cheikh Anta Diop)와 마틴 버낼(M. Bernal)은 이집트 문명을 근본적으로 아프리카의 것이라고 하며, 아프리카인이 "수학, 점성학, 달력, 과학, 예술, 종교, 농업, 사회조직, 의학, 문자기록, 기술, 건축을 창조한 첫 번째"라고 주장한다. 마틴 버낼의 주장대로 고대 그리스는 이집트에 의하여 문명화가 되었다고 볼 수 있다.

2. 고대 이집트의 수학자 아메스

《아메스 파피루스, Ahmes papyrus》는 고대 이집트 수학을 이해하는 데 중요한 책이다. 이 책은 힉소스 왕조의 문서 보존 계획에 의하여 서기(scribe) 아메스가 저술하였다. 아메스는 이 책의 서문에서 자신을 힉소스 왕조의 파라오 아포피스 33년 10월에 고대 이집트 제12왕조 아메넴하트 3세(1859~1814 BCE)때 쓰인 고문서를 복제하는 서기라고 밝혔다(Chace 1979).

> 사물을 탐구하는 정확한 계산, 신비 … 모든 비밀 등 존재하는 모든 것에 대한 지식. 이 책은 상[하]이집트의 왕 $[Ne-ma]'et-[R\hat{e}']$의 시대에 쓰인 오래된 것을 본떠서 [상]하이집트 왕 $'A-user-R\hat{e}'$의 재위 33년 홍수기 네 번째 달에 복사된 것입니다. 서기 '아메스'가 이 사본을 씁니다.

그림 0.1 제4왕조와 제5왕조 시기인 기원전 2,600~2,350의 서기(루브르 박물관 소장)

힉소스는 기원전 18세기 중엽에 시리아·팔레스타인 지역을 지배하다가 하이집트로 정복하고 고대 이집트의 제15왕조를 창건했다. 기원전 3세기 헬리오폴리스의 고위 신관 마네토(Maneto)는 이집트를 정복한 힉소스를 "동쪽 지역에서 온 불분명한 종족의 침입자"로 기술한다. M. 버낼에 의하면 힉소스는 나일강 동부 삼각주에 늦어도 기원전 1740년에 도착하여 기원전 1570년경 이집트와 누비아에 의해 퇴각할 때까지 150여 년간 하이집트를 장악했다(Bernal 2011). 힉소스 왕조의 파라오 아포피스(Apōphis)는 이집트를 지배하는 동안 이집트인의 수학 문화의 우수성에 탄복하여 고문서 보존정책을 시행했다. 이에 따라서 아포피스 33년 10월(기원전 1606년경)에 서기 아메스는 47년간 통치한 제12왕조 파라오 아메넴하트 3세(1844~1797 BCE)때 쓰인 고문서를 바탕으로 산술과 기하로 이루어진 87개의 문제가 실린《아메스 파피루스》를 썼다. 소유자의 이름을 빌려《린드 파피루스, Rhind Mathematical Papyrus (RMP)》라고도 하였으나 현재는 저자인 아메스의 이름을 따서《아메스 파피루스》라고 한다.

다수의 수학사 저자들은 아메스의 저작 시기를 기원전 1650년경으로 기술한다. 반면에 카조리(F. Cajori)는 기원전 1700년 이전에 저술한 것으로 주장하기도 한다. 테라섬 폭발 연대와《아메스 파피루스》에 덧붙인 파피루스의 기록을 고려하면 저작 연대를 대략 기원전 1606년으로 볼 수도 있다. 이처럼 혼란스러운 일이 벌어지는 이유는 아포피스 이전 고대 이집트 제15왕조의 역사를 추적하지 못하고 있기 때문이다.

아메스가 이 책에서 사용한 주제 중에는 기원전 3,400년경으로 올라가는 것도 있다. 그는 87개의 문제를 다루었는데, 먼저 산술, 기하, 혼합문제의 3개 영역으로 나누고 각 영역에서는 쉬운 것부터 어려운 것으로 문제를 단계적으로 구성하였다.

아메스가 이 책을 쓰게 된 이유를 알려면 당시 사회에서 서기의 위치와 역할을 엿볼 필요가 있다. 이미 기원전 2,920년에서 기원전 2,680년경에는 멤피스에 상주하면서 물품을 징수하고 분배하는 관리들이 있었다. 관리들은 촌락에서 일어나는 일에 대한 정보수집, 계산, 보관, 과세, 홍수의 수위 예측, 파종, 수확 시기 등을 결정했다. 신전을 건설하는 사람들에게 적합한 배급량은 얼마인지 등을 계산했다. 이와 같은 상황에서 매우 큰 역할을 한 사람은 서기이다. 여성을 포함한 서기는 소수였으며 권력과 정보에 대한 열쇠를 쥐고 있고 존경받는 직업이었다. 아메스도 그중 한 명이었다. 서기에 대해 알 수 있는 다음과 같은 장면도 기록되어 전해진다. 아마도 게으른 학생에게 전하는 말이었을 것이다(Scarre and Fagan 2015).

> "서기가 되면 너는 멋지게 치장할 수 있고, 너의 손은 부드러울 것이다. 서기가 되는 것에 관심을 두어라. 너에게 맞는 좋은 직업이다. 네가 한 사람에게 명령하면 수천 명이 대답할 것이다" 끝없이 늘어선 사람들이 사리에 밝

은 서기에게 예를 갖추었다. “검수하기 위하여 걷는 걸음은 당당할 것이다…. 너는 왕으로부터 사무실을 하사받을 것이고, 그것으로부터 권력이 생긴다. 남자와 여자 노예가 주변에 머물면서 시중을 들 것이다. 들판에 있는 사람들은 너의 손을 잡으려 할 것이다”

이집트는 처음부터 강력한 왕과 능력 있는 관리뿐만이 아니라 학식 있는 서기들에 의존하였다.

그림 0.2 고대 이집트(2500~2350 BCE) 서기와 파피루스, 펜, 펜집, 잉크를 담은 통과 같은 문구류

3. 이집트 측정단위와 영(zero)

서기들은 손가락 끝에서 팔꿈치까지의 신체를 기준 삼아 길이 측정 단위를 큐빗(cubit, 약 52cm)으로 사용했다. 토지의 길이 단위는 khet (100큐빗)을 사용하였고 토지를 측량하기 위해서 넓이의 단위는 khet를 제곱한 setat을 사용하였다. 곡물 등의 부피를 계산하기 위한 부피의 단위는 hekat (약 3.8 또는 4.8리터)을 사용하였다. 제1장에서 자세히 알아보겠지만, 고대 이집트인들은 피라미드 건축에 사용할 기울기를 측정하기 위하여 palm과 finger를 도입하며 특히, 기자의 미케리노스

(Mykerinos) 피라미드의 기초에 있는 수준선(leveling lines)에 영(Egyptian zero, nfr)을 표시하는 데, 기호(**그림 0.3**)를 사용하였다. 이집트 건축가들은 수평선인 영에 해당되는 기준선(zero line)을 도입하여 기준선 "위"와 기준선 "아래"를 사용하였다. 기원전 2,000년경에 고대 이집트는 화폐를 최초로 도입하였고 기원전 1,740년에 작성된 것으로 보이는 회계장부에서 수입과 지출이 같을 때, 미케리노스 피라미드에서 사용한 영의 기호를 사용하였다(Bernal 2017, 360)

고대 이집트인들은 길이의 단위인 큐빗, 르멘, 더블 르멘을 사용하였는데, 이것은 중심이 같은 3개의 정사각형(concentric squares) 또는 직각이등변삼각형의 점대칭(point symmetry) 구조로 등비수열과 관계가 있다. 더블 르멘은 한 변의 길이가 1큐빗인 정사각형의 대각선 길이이다. 즉, 르멘의 두 배는 $\sqrt{2}$ 큐빗이고 르멘은 이의 절반인 $\sqrt{2}/2$큐빗이다. 토지측량에서 이와 같은 단위 사용은 넓이를 두 배 또는 반배 하는 데 편리하다(Gillings 1972; Lumpkin 1980).

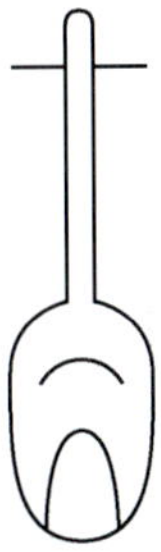

그림 0.3 이집트 영의 기호

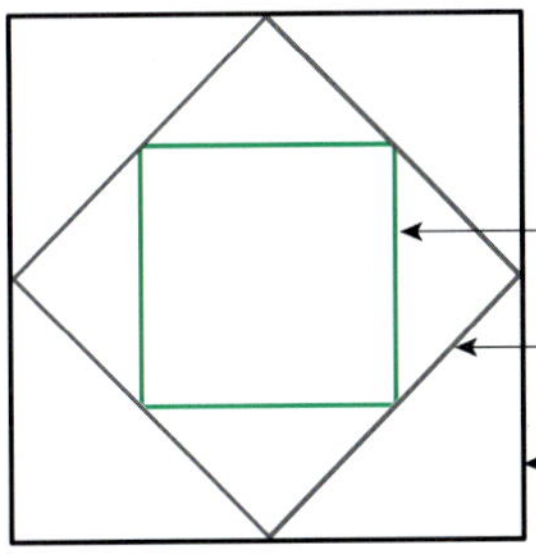

그림 0.4 이집트의 측정 단위

제 2 절 곱셈식

1. 덧셈의 횟수를 줄이자: 최적화 알고리즘

아메스가 문제 32번에서 제시한 12×12의 계산을 보자. 곱셈식 12×12의 본질은 동일한 수 12로 11번의 덧셈을 시행하는 것이다. 즉,

$$12+12+12+12+12+12+12+12+12+12+12+12$$

이때 11번보다 횟수를 줄일 방법이 있을까? 최적의 방법은 무엇일까? 이 문제는 기원전 3,000년경에 대두되었을 것으로 추정되며 청동기 시대에 매우 중요한 문제였을 것이다. 아메스는 그의 저서에서 다음과 같은 계산을 소개한다. 그는 2의 거듭제곱으로 만들어진 등비수열

$$1,\ 2,\ 4,\ 8,\ 16,\ 32,\ 64,\ \cdots$$

를 왼쪽에, 그리고 $12+12=24$, $24+24=48$, $48+48=96\ \cdots$를 오른쪽에 나열한 후 다음 세 단계를 거쳐 덧셈의 횟수를 줄였다.

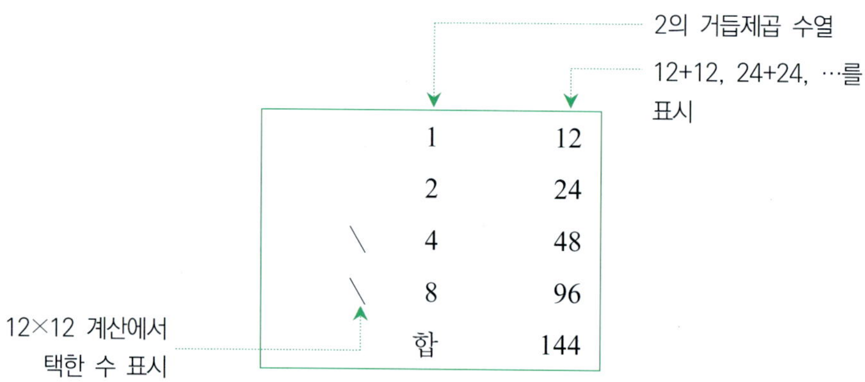

단계 ① 가장 먼저 12보다 작거나 같은 수 가운데 가장 큰 수 8을 결정한다.
단계 ② $12-8=4$는 2의 거듭제곱이므로
단계 ③ $12=8+4$를 얻는다.

이제 8과 4에 해당하는 표 오른쪽에서 96과 48을 선택하면

$$12 \times 12 = 96 + 48 = 144$$

이다. 아메스가 소개한 이 방법을 지금은 최적화 알고리즘(greedy algorithm)이라 부른다.

아메스는 곱셈식 7×2801을 문제 79번에서도 이 최적화 알고리즘을 사용한다. 7×2801에서 7을 $7 = 4 + 2 + 1$로 2의 거듭제곱 수로 분해하여 같은 방법으로 이용한다. 이집트인들은 아래와 같이 12와 7을 2의 거듭제곱의 합으로 바꾸어 생각한 것이다.

$$12 = 2^3 + 2^2 + 0 \times 2^1 + 0 \times 2^0 = 1100_{(2)}$$
$$7 = 2^2 + 2^1 + 2^0 = 111_{(2)}$$

이로부터 고대 이집트인들은 곱셈식에서 이진법의 본질을 이용하고 있다고 말할 수 있다. 즉, 12×12의 경우 11회의 덧셈을 시행해야 하지만 2의 거듭제곱 수의 합을 이용한 최적화 알고리즘으로 그 횟수를 4회로 줄인 것이다.

아메스의 방법은 구구단과 필산이 등장하기 전에 기계적으로 어떻게 빨리, 간편하게 계산할 수 있는가를 보여주는 하나의 기법이다. 구구단은 1202년 수학자 피보나치에 의하여 유럽에 알려진다.

피보나치는 1202년에 저술한 《산술서, Liber Abaci; Book of Calculation》 제2장에서 인도인이 도입한 아라비아 숫자를 이용하여 구구단을 다루고 있다. 우리가 알아본 대로 곱셈이란 동일한 숫자를 여러 번 반복하여 더하는 것이다. 지금도 우리의 현대문명은 고대 이집트인이 이진법 개념으로 찾아낸 최적화 방안보다 더 좋은 알고리즘을 찾아내지 못하고 그들의 방법을 컴퓨터 과학, 암호학 등에서 사용하고 있다.

① 참고 피보나치의 12×12의 도입

이집트 제12왕조(1990~1780 BCE) 때, 고대 이집트인과 1202년 유럽인들의 곱셈식 12×12의 계산 방식을 기록을 바탕으로 비교해 보자. 피보나치는 1202년 그의 저서 《산술서, Liber Abaci》에서 아라비아 숫자를 사용한 필산 방법으로 곱셈식 12×12를 소개하였다. 이 방법은 두 개의 수를 곱할 때 각 자리수를 따로 곱하고 그 결과를 정확한 위치에 써서 최종 결과를 얻는 지금의 방법과 같다.

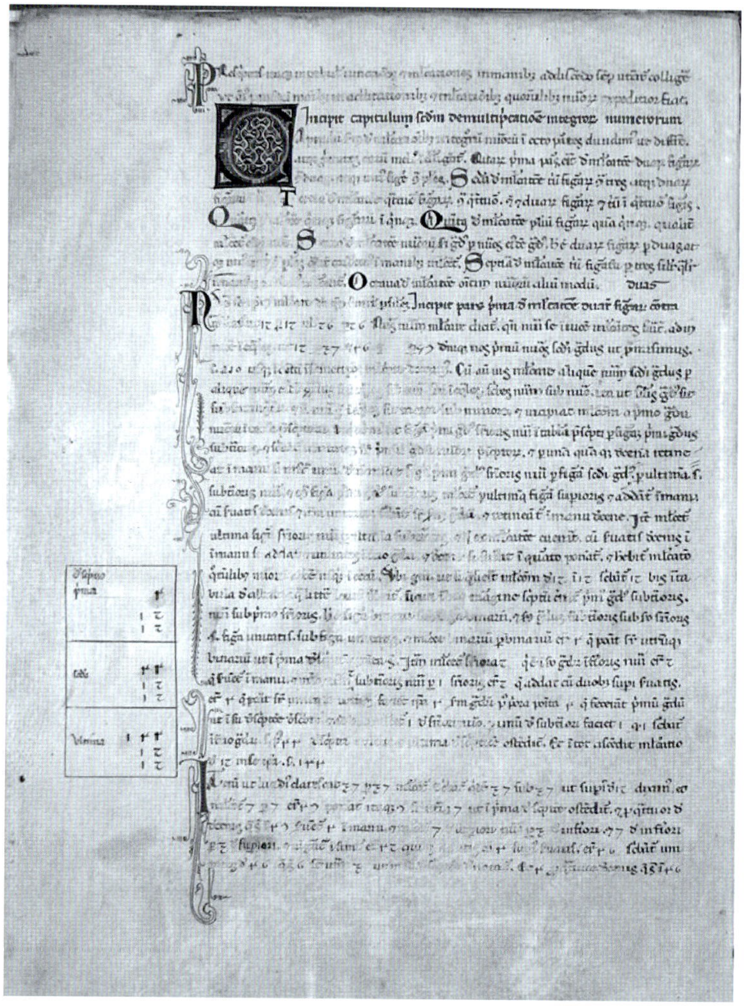

첫 번째 그림	4 12 12	그림의 첫 번째 칸에는 곱셈을 할 두 수 12와 12가 쓰여 있다. 아래 행의 일의 자리수 2를 위 행의 일의 자릿수 2와 곱하여 그 결과 4를 첫 번째 행에 쓴다.
두 번째 그림	44 12 12	두 번째 칸에는 위 행의 2와 아래 행의 1을 곱하고, 위 행의 1과 아래 행의 2를 곱한 결과를 더한 4를 첫 번째 행의 십의 자리에 쓴다.
마지막 그림	144 12 12	마지막 칸에는 위 행의 1과 아래 행의 1을 곱하여 첫 번째 행의 백의 자리에 쓴다.

그림 0.5 위: 피보나치, 《산술서, Liber Abaci》 Carta: 4v, 갈릴레오박물관, 피렌체
아래: 왼쪽 여백의 곱셈식 설명

2. 등비수열의 합

고대 이집트인이 덧셈의 횟수를 줄이기 위하여 등비수열 1, 2, 4, 8, 16, 32, 64 …를 사용하였음을 앞 절에서 살펴보았다. 그들은 등비수열의 합을 구하는 문제도 다루었는데, 《아메스 파피루스》 79번이다. 여기서 첫째항이 7이고 공비가 7인 등비수열의 합을 다룬다(Chace 1979, 59)

문제 79 첫째항이 7이고 공비가 7인 등비수열의 5개의 항의 합을 구하여라.

아메스는 먼저 문제 32에서와 같이 최적화 알고리즘에 의한 풀이를 제시한다(그림 0.6의 오른쪽 행). 이 문제의 풀이를 7×2801로 계산한 것이다.

1	2801
2	5602
4	11204
합	19607

그림 0.6

어떻게 이 계산에 이르게 되었을까? 첫째항이 7이고 공비가 7인 등비수열의 항 5개의 합을 현대적 방법으로 구하려면 첫째항은 a, 공비는 $r(r \neq 1)$인 경우의 등비수열의 합

$$a+ar+ar^2+\cdots+ar^{n-1}=\frac{a(r^n-1)}{r-1}$$

을 이용하면 된다. $a=r=7,\ n=5$를 대입하면

$$7+7^2+7^3+7^4+7^5=\frac{7(7^5-1)}{7-1}=7\times 2801$$

이다. 고대 이집트인들이 등비수열의 합을 공식으로 사용했다는 명백한 증거는 없지만 아메스가 소개한 고대 이집트인들의 풀이 방법으로부터 그 가능성은 부인할 필요는 없다.

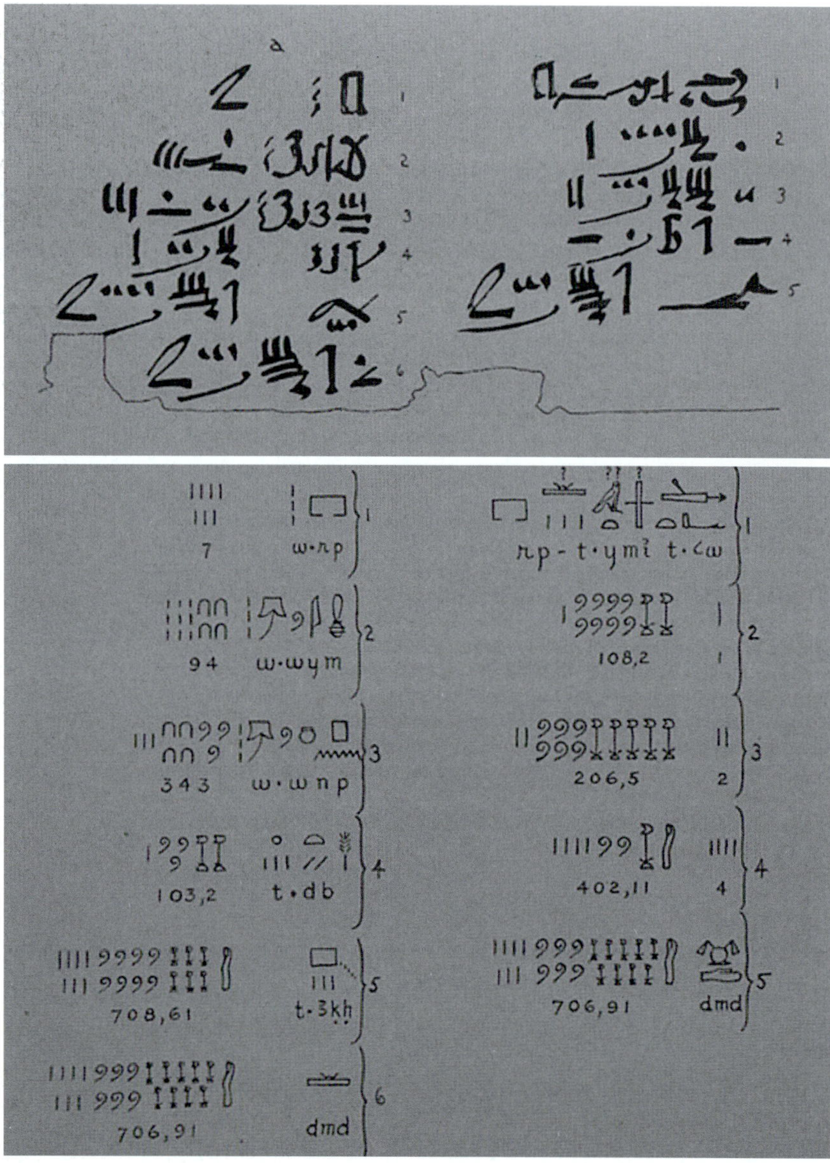

그림 0.7 Chace, 《The Rhind Mathematical Papyrus》의 문제 79, 1979, (왼쪽 4행의 2,301은 2,401의 오류이다.)

아메스가 두 번째 제시한 풀이는 다음과 같은 덧셈이다(그림 0.7의 왼쪽 행). 집마다 고양이, 쥐, 밀 등이 각각 7배씩 늘어나는 등비수열의 합을 구하는 방법이다.

집	7
고양이	49
쥐	343
스펠트	2401
헤케트[1]	16807
합계	19607

두 번째 풀이는 "7채의 집이 있다. 각 집에는 7마리 고양이가 있고, 각 고양이는 7마리의 쥐를 잡았고, 각 쥐는 밀 1 스펠트를 먹었고, 밀 1 스펠트는 7 헤케트의 밀을 생산한다. 여기서 말한 모든 수를 합하면 19607이다"로 바꿀 수 있다.

이와 유사한 문제를 피보나치도 《산술서》에서 다룬다. 그가 제12장 [Seven Old Men Go to Rome]에서 다룬 등비수열의 합은 다음과 같다(Sigler 2003, 438).

> 7명의 노인이 로마로 간다; 각각은 7마리 노새를 데리고 있고, 각 노새는 7개의 부대를, 각 부대는 7개의 빵 덩어리를, 각 49개의 빵 덩어리에는 7개의 칼이, 각 칼은 각각 7개의 칼집을 가지고 있다. 앞에서 말한 모든 개수를 합하면 얼마인가?

이와 비슷한 문제는 영국 어린이들의 오래된 시가에서도 볼 수 있다.

> 내가 세인트 이브로 가고 있을 때
> 일곱 아내를 거느린 남자를 만났다네
> 각 아내는 일곱 개의 부대를 들고 있었지
> 각 부대에는 일곱 마리의 고양이가 놀고 있고
> 각 고양이들은 일곱 마리의 새끼를 데리고 있었네
> 아내들과 부대들과 고양이들과 그들의 새끼들, 모두 얼마나 세인트 이브로 가고 있는 걸까?

1 Chace는 1 헤케트(heket)를 292.94 제곱인치로 Vogel은 4.75 리터로 추정한다(Gillings 1972, 128).

'As I Was Going To St Ives'라고 검색하면 동영상을 통해 노래도 들을 수 있다. 이렇게 여러 번 같은 문제가 반복되는 것이 우연일까?

등비수열의 유한 합은 신바빌로니아제국에서도 나타난다. 기원전 580년경 네부카드네자르(Nebuchadnezzar) 왕조 때의 것으로 보이는 점토판에서 노이게바우어(O. Neugebauer)는 두 급수를 발견하였다.

$$1+2+2^2+\cdots+2^9=2^{10}-1$$

$$1^2+2^2+\cdots+10^2=\left[1\left(\frac{1}{3}\right)+10\left(\frac{2}{3}\right)\right]\cdot 55$$

당시 바빌로니아인들은 다음 두 급수를 알고 있었던 것으로 추측된다.

$$\sum_{i=0}^{n} q^i=\frac{q^{n+1}-1}{q-1},\quad \sum_{i=1}^{n} i^2=\frac{n(n+1)(2n+1)}{6}$$

이와 같은 수열의 합

$$\sum_{i=1}^{n} i^2=\frac{n^3}{3}+\frac{n^2}{2}+\frac{n}{6}.\quad \sum_{i=1}^{n} i^3=\frac{n^4}{4}+\frac{n^3}{2}+\frac{n^2}{4}.\quad \sum_{i=1}^{n} i^4=\frac{n^5}{5}+\frac{n^4}{2}+\frac{n^3}{3}-\frac{n}{30}$$

등은 이집트 파티마조(칼리프 알 하킴), 이븐 알 하이샴(Ibn al-Haytham, 1048~1131)에 의하여 도입되고 이들의 합은 회전체의 체적을 구하는 데 사용된다(Katz 1995).

3. 자동판매기의 거스름돈 알고리즘

자동판매기에 지폐가 들어왔을 때 거스름돈을 지급하는 방법은 고대 이집트인의 곱셈 알고리즘에서 온 것이다. 예를 들어, 1,300원인 음료수를 사기 위하여 1,000원 지폐 2장을 자동판매기에 넣은 후에 거스름돈 700원이 지급되는 경우를 생각해 보자.

거스름돈 700원을 동전으로 내보내는 많은 경우가 가능한데, 가장 타당한 경우는 동전의 개수가 가장 적은 경우이다. 동전의 종류를 10, 50, 100, 500원으로 제한하여 각 경우 동전의 개수를 살펴보자. 동전이 가장 많이 필요한 경우는 10원짜리 동전으로만 지급하는 경우이다. 동전 70개가 필요하다. 그보다 적은 경우는 10원짜리 65개와 50원짜리 1개로 66개이다. 조합론 측면에서 본 문제는 다음과 같다.

(1) 700원을 10, 50, 100, 500원 동전을 사용하여 표현하여라.

(2) 동전의 개수가 가장 적은 경우는 언제인가?

(3) (2)를 결정하기 위한 알고리즘을 제시하여라.

그림 0.7 자동판매기

동전의 개수를 가장 적게 하기 위한 최적화 알고리즘은 큰 동전부터 사용하는 것이다. 700원보다 적은 동전 중에서 가장 큰 것은 500원이기 때문에 먼저 500원이 결정된다. 이때, 700−500=200이므로 다음 단계는 100원짜리 동전 2개로 결정된다. 즉, 동전을 3개로 결정하는 알고리즘이다. 자동판매기에서 동전이 나오는 출구를 자세히 살펴보면 500원 동전이 먼저 떨어지고 나서 100원 동전들이 떨어지는 것을 확인할 수 있다. 자동판매기에서 사용된 최적화 알고리즘은 약 5,000년 전의 이집트인들의 아이디어를 그대로 사용한 것이다.

4. 거듭제곱의 계산: 공개키 암호

1977년 로널드 라이베스트(R. Rivest), 아디 샤미르(A. Shamir), 레너드 애들먼(L. Adleman)은 공개키 암호체계를 개발했다. 공개키 암호체계는 100자리 소수와

그림 0.8 암호론 포스터

같이 매우 큰 두 소수를 곱한 수를 소인수분해하려면 매우 시간이 오래 걸린다는 사실에 기반한 암호체계이다. 이 과정에서 매우 큰 수의 계산이 필수적이다. 예를 들어 $5^{6546640}$을 12830603으로 나눌 때, 나머지를 어떻게 계산할까? 400만 자리 이상이 나오므로 직접 계산하기 어렵다.

7^{327}을 853으로 나누었을 때, 나머지를 어떻게 구할까? 여기서 핵심은 지수 $327 = 256 + 64 + 4 + 2 + 1$로 분해하여 아래와 같이 단계적으로 계산하는 것이다.

$$7^1,\ 7^2,\ 7^4 = (7^2)^2,\ \cdots,\ 7^{246} = (7^{128})^2$$

단계 ① **(이집트 알고리즘)** 1, 2, 4, 8, 16, 32, … 중 327보다 작은 수 중에서 가장 큰 수는 256이므로 $327 = 256 + 71$이다. 이제 71보다 작은 수 중에서 가장 큰 수는 64이므로 $327 = 256 + 64 + 7$이고, 따라서 다음을 얻는다.

$$327 = 256 + 64 + 4 + 2 + 1$$

단계 ② **(합동식 계산)** 이제 지수 327의 분해를 이용하여 7의 거듭제곱을 다음과 같이 계산할 수 있다.

$$\begin{aligned} 7^{327} &= 7^{256+64+4+2+1} \\ &= 7^{256} \times 7^{64} \times 7^4 \times 7^2 \times 7^1 \\ &\equiv 298 \times 123 \times 695 \times 49 \times 7 \pmod{853} \end{aligned}$$

물론 위 단계는 아래와 같이 줄여나갈 수 있다.

$$\begin{aligned} 7^2 &= (7^1)^2 \equiv 7^2 \equiv 49 \pmod{853} \\ 7^4 &= (7^2)^2 \equiv 49^2 \equiv 2401 \equiv 695 \pmod{853} \\ 7^8 &= (7^4)^2 \equiv 695^2 \equiv 483025 \equiv 227 \pmod{853} \\ &\vdots \\ 7^{256} &= (7^{128})^2 \equiv 628^2 \equiv 394384 \equiv 298 \pmod{853} \end{aligned}$$

이처럼 현대 사회 암호체계에서 합동식의 거듭제곱 계산은 소수의 역할과 맞물려서 고대 이집트인의 사고에 많은 빚을 지고 있다.

제 3 절 단위분수

1. 단위분수

우리가 실세계 문제에서 자연스럽게 $\frac{21}{8}$을 만날 수 있다. 현시점에서 정수가 아닌 유리수 $\frac{21}{8}$을 어떻게 받아들이는 것이 과학적인지 생각해 보자.

먼저 초등학교에서 몫과 나머지 $21 = 3 \times 8 + 5$로부터 가분수 $\frac{21}{8}$을 대분수 $2\frac{5}{8}$로 해석한다. 고대 이집트인은 가분수 $\frac{21}{8}$을 최적화 알고리즘(greedy algorithm)을 사용하여 $2 + \frac{1}{2} + \frac{1}{8}$로 단위분수로 해석한다. 나눗셈 또는 계산기를 이용하여 $\frac{21}{8}$를

$$2 + \frac{6}{10} + \frac{2}{60^2} + \frac{5}{60^3}$$

로 받아들인다. 또는 헬레니즘 시대에서는 연속된 몫과 나머지(Euclidean algorithm)를 사용하여

$$\frac{21}{8} = 2 + \cfrac{1}{1 + \cfrac{1}{1 + \cfrac{1}{1 + \cfrac{1}{2}}}}$$

로 해석한다. 이와 같은 네 가지 방법 중에서 가분수 $\frac{21}{8}$을 가장 편리하게 사용한 것은 어느 것일까? 고대 이집트의 단위분수 사용에 대한 역사적 배경을 살펴보자.

기원전 4000년 이후 나일강을 따라 파라오 국가의 제도가 발달한다. 기원전 3200년경 이름이 확인되지 않은 통치자의 서기는 상당히 발전된 문자 시스템을 이용하여 곡물의 수확량 목록을 작성하였다. 기원전 3100년경 상이집트 출신 파라오 호루스 아하(Horus Aha)가 이집트를 통합한 후 관료제의 기본 틀이 수립된다. 고대 이집트 파라오들은 농업경제에 적극 개입함으로써 식량의 잉여분을 확보하고 곡물 가격을 안정적으로 유지하는 정부 체계를 발전시켰다. 국가는 공공사업에서 실적을 중

심으로 노동자들에게 곡물 식량을 신중하게 배분하여 공급하였다.

고대 이집트인의 단위분수의 도입 목적 중의 하나는 곡물 분배를 표준화하기 위해서이다. 이를 《아메스 파피루스》(기원전 1606년경), 《모스크바 파피루스》(기원전 1850년경) 등에서 찾을 수 있다.

곡물의 최소 단위는 한 숟가락 정도인 로(ro)라 부르며 $\frac{1}{360}$ 헤카트(hekat)이고 이외에 헤카트에 사용된 단위분수는 오직 $\frac{1}{2}$, $\frac{1}{4}$, $\frac{1}{8}$, $\frac{1}{16}$, $\frac{1}{32}$, $\frac{1}{64}$이다. 이 여섯 개의 단위분수들을 '호루스의 눈(Horus-eye)'이라 부른다. 호루스의 눈은 오직 곡물에 관해서만 사용되었다.

아메스는 호루스의 눈을 문제 80, 81번에서 다룬다. 문제 81번에서 헤카트를 단위로 한 호루스의 눈을 히누($h\hat{i}nu$) 단위(10히누 =1헤카트)로 바꾸어 단위분수로 분해하여 제시한다. 그의 예를 보면, $\frac{5}{8}=\frac{1}{2}+\frac{1}{8}$로 분해되므로 $\frac{1}{16}$ 헤카트는 $\frac{10}{16}$ 히누이므로 $\frac{1}{2}+\frac{1}{8}$히누이다. $\frac{5}{8}=\frac{1}{2}+\frac{1}{8}$에서 보듯이 순서를 보면 $\frac{5}{8}$가 먼저이고 $\frac{1}{2}+\frac{1}{8}$은 나중이다. 그 이유는 곡물 분배로 예를 들면, 어느 귀족이 곡물 5가마니를 도움을 준 8명의 이웃 노동자들에게 공평하게 나누어주기 위하여 모든 곡물 가마니를 절반($\frac{1}{2}$)으로 나누어 8명에게 주면 가마니의 절반인 곡물이 2개 남는다. 이들을 다시 반의 반, 즉 $\frac{1}{8}$로 나누면 한 가마니의 $\frac{1}{8}$만큼의 곡물이 8개가 되어 이를 나누어 주면 된다. 즉, 노동자는 한 가마니의 $\frac{1}{2}$과 $\frac{1}{8}$만큼의 곡물을 가져가는 셈이다. 다시 말하면 단위분수의 합 $\frac{1}{2}+\frac{1}{8}=\frac{5}{8}$가 본질이 아니라 8과 5가 먼저 결정된 후에 단위분수로의 분해(decomposition) $\frac{5}{8}=\frac{1}{2}+\frac{1}{8}$가 진행되는 것이다. 여기서 우리가 눈여겨보아야 하는 것은 "$\frac{5}{8}$로부터 어떻게 $\frac{1}{2}$과 $\frac{1}{8}$을 결정하는가"이다. 또한, 이집트인은 $\frac{5}{8}$를 $\frac{1}{8}+\frac{1}{8}+\frac{1}{8}+\frac{1}{8}+\frac{1}{8}$과 같이 복수로 다루지 않은 이유가 무엇인지 생각해 보아야 한다. 우리는 이를 '제4절 합리적 논의'에서 다룬다.

고왕국 피라미드 단지의 생활 구역 안에서 거대한 제빵소 유적이 마크 레너에 의하여 발견되었는데 노동자들에게 배급할 표준규격의 빵 수천 개를 가공할 수 있는 시설이다. 아메스는 빵의 분배 문제를 모두 8개로 다루며 문제 40번에서 등차수열을 다룬다. 이때, 그는 컴퓨테이셔널 사고(CT)교육에서 사용하는 반복 테스트(test and debug evaluate)를 통하여 참값 또는 근삿값을 결정하는 반복결정법(regular falsi method)을 사용하였다.

문제 40 빵 100개를 5명에서 등차수열로 나누어 주려고 한다. 빵을 많이 받는 3명의 빵 개수의 합이 나머지 2명이 받는 빵의 개수보다 7배가 되도록 분배하여라.

아메스의 풀이를 현대적 기호로 알아보자. 빵을 많이 받은 순서대로 등차수열을 나열하면 아래와 같다.

$$a+4d,\ a+3d,\ a+2d,\ a+d,\ a$$

큰 세 수의 합이 작은 두 수의 합의 7배이므로 $3a+9d=7(2a+d)$이고, $d=5\frac{1}{2}a$이다. 이로부터 아메스는 "시도 – 오류 발견 – 수정 – 확인(test and debug evaluate)"의 과정을 거쳐 답을 구했다.

시도 아무런 설명 없이 $a=1$을 시도한다. 이로부터 수열 $23,\ 17\frac{1}{2},\ 12,\ 6\frac{1}{2},\ 1$을 얻는데 이들의 합은 60이다.

오류 발견 주어진 합은 100이므로 맞지 않다. $100=1\frac{2}{3}\times 60$을 이용한다.

수정 앞서 구한 수열에 $1\frac{2}{3}$를 곱하여 수열을 구한다.

$$38\frac{1}{3},\ 29\frac{1}{6},\ 20,\ 10\frac{2}{3}\frac{1}{6},\ 1\frac{2}{3}$$ [2]

확인 이들 5개 항의 합은 100이다.

예외적으로 고대 이집트인들은 2/3를 단위분수로 사용하였다.

---

2 여기서 $10\frac{2}{3}\frac{1}{6}$는 대분수를 뜻한다. 즉 $10+\frac{2}{3}+\frac{1}{6}$.

2. 단위분수의 개수 줄이기: 최적화 알고리즘

고대 이집트인들은 주어진 분수를 여러 가지 방법으로 단위분수의 합으로 분해했다. 《아메스 파피루스》에는 제1절에서 2를 3부터 101까지 홀수로 나누는 알고리즘이 소개되어 있다(〈표 0.1〉 참고). $\frac{2}{n}$를 단위분수의 합으로 구하기 위한 사용된 기본적인 접근 방법은 다음과 같다.

$$n \times (\text{단위분수의 합}) = 2 \Leftrightarrow \frac{2}{n} = (\text{단위분수의 합})$$

분수 $\frac{3}{4}$에 적용하면 다음과 같이 $4 \times \left(\frac{1}{2} + \frac{1}{4}\right) = 3$ 또는 $\frac{3}{4} = \frac{1}{2} + \frac{1}{4}$을 얻는다.

	1	4
\	$\frac{1}{2}$	2
\	$\frac{1}{4}$	1

이는 다음과 같은 최적화 알고리즘을 따른 것으로도 볼 수 있다.

① $\frac{3}{4}$보다 작거나 같은 단위분수 중에서 가장 큰 수는 $\frac{1}{2}$

② $\frac{3}{4} - \frac{1}{2} = \frac{1}{4}$이므로 $\frac{3}{4} = \frac{1}{2} + \frac{1}{4}$

앞서 언급한 단위분수로의 분해 $\frac{5}{8} = \frac{1}{2} + \frac{1}{8}$은 먼저 결정된 $\frac{5}{8}$보다 작은 단위분수 중에서 가장 큰 것은 $\frac{1}{2}$이므로 $\frac{1}{2}$이 가장 먼저 결정되고 이어서 $\frac{5}{8} - \frac{1}{2} = \frac{1}{8}$이므로 $\frac{1}{8}$이 결정된다. 이와 같은 알고리즘은 $\frac{5}{8}$를 단위분수로 분해할 때, 사용되는 단위분수의 개수를 가장 적게 할 수 있는 알고리즘이다. 그러나 이 방법이 100% 보장되는 것은 아니다. 예를 들면, 고대 이집트인의 분해 방법의 하나인 최적화 알고리즘을 $\frac{4}{17}$에 적용하면

$$\frac{4}{17}=\frac{1}{5}+\frac{1}{29}+\frac{1}{1233}+\frac{1}{3039345}$$

로 4개의 단위분수로 표현되지만, 이집트인의 또 다른 방법으로 〈표 0.1〉에서 $\frac{2}{17}$, $\frac{2}{51}$를 사용하면

$$\begin{aligned}\frac{4}{17}&=\frac{2}{17}+\frac{2}{17}\\&=\frac{1}{12}+\frac{1}{51}+\frac{1}{68}+\frac{1}{12}+\frac{1}{51}+\frac{1}{68}\\&=\frac{1}{6}+\frac{1}{17}+\frac{1}{102}\end{aligned}$$

로 3개로 표현되는 경우가 존재한다. 즉, 고대 이집트인의 최적화 알고리즘에서 예외가 발생하기도 한다.

《아메스 파피루스》 제1장 1절에는 2를 101까지의 홀수로 나눈 단위분수 분해의 목록이 계산과 함께 실려 있다. 단위분수 분해를 아래와 같이 표현하면

$$\frac{2}{n}=\frac{1}{a}+\frac{1}{b}+\frac{1}{c}+\frac{1}{d}\ \ (n\text{은 } 3\le n\le 101\text{인 홀수})$$

그 길이는 n에 따라 다르다. 현재 우리가 사용하는 손 계산에서 중요한 역할을 하는 것은 구구단이다. 구구단을 외우고 있으면 사칙연산을 쉽고 빠르게 할 수 있다. 마찬가지로 고대 이집트인들은 단위분수 분해를 다양하게 외워 계산에 사용했을 것으로 우리는 추정한다.

《아메스 파피루스》 제1장 1절에 실려 있는 $\frac{2}{n}$의 단위분수 분해 표는 기원후 900년까지도 거의 동일하게 사용되었다. '단위분수 분해'라는 용어를 처음 사용한 수학자는 피보나치이다. 그는 1202년 고대 이집트인의 단위분수 분해의 특별한 방식을 유럽에 처음 소개하였다.

〈표 0.1〉 $\frac{2}{n}$의 단위분수 분해

n	a	b	c	d	n	a	b	c	d
3					53	30	318	795	
5	3	15			55	30	330		
7	4	28			57	38	114		
9	6	18			59	36	236	531	
11	6	66			61	40	244	488	610
13	8	52	104		63	42	126		
15	10	30			65	39	195		
17	12	51	68		67	40	335	536	
19	12	76	114		69	46	138		
21	14	42			71	46	508	710	
23	15	276			73	60	219	292	365
25	15	75			75	50	150		
27	18	54			77	44	308		
29	24	58	174	232	79	60	237	316	790
31	20	124	155		81	54	162		
33	22	66			83	60	332	415	498
35	30	42			85	51	255		
37	24	111	296		87	58	174		
39	26	78			89	60	356	534	890
41	24	246	318		91	70	130		
43	42	86	129	301	93	62	186		
45	30	90			95	60	380	570	
47	30	141	470		97	56	679	776	
49	28	196			99	66	198		
51	34	102			101	101	202	303	606

① 참고 고바빌로니아의 육십진법 정수와 소수

고바빌로니아인들은 육십진법으로 정수와 소수 표현을 사용하였다. 구구단의 9단이 기록된 아래 점토판에 1행은 1×9의 결과 9, 2행은 2×9의 결과 18이다. 7행의 1:3은 7×9=63을 육십진법으로 나타낸 것이다. 63=1×60+3×1이므로 육십진법으로 1:3과 같이 나타낸다.

〈표 0.2〉 9의 곱셈 리스트

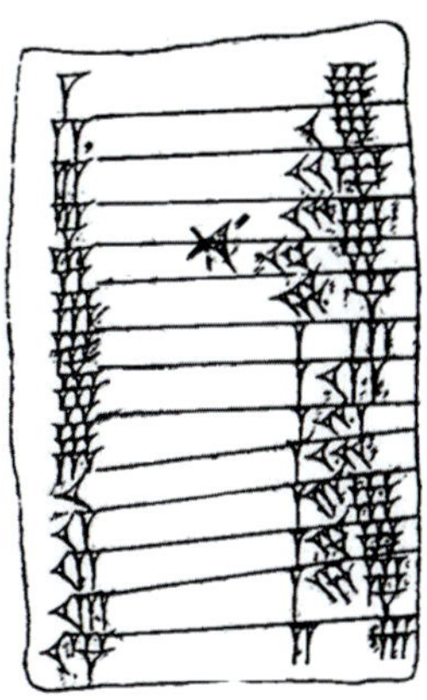

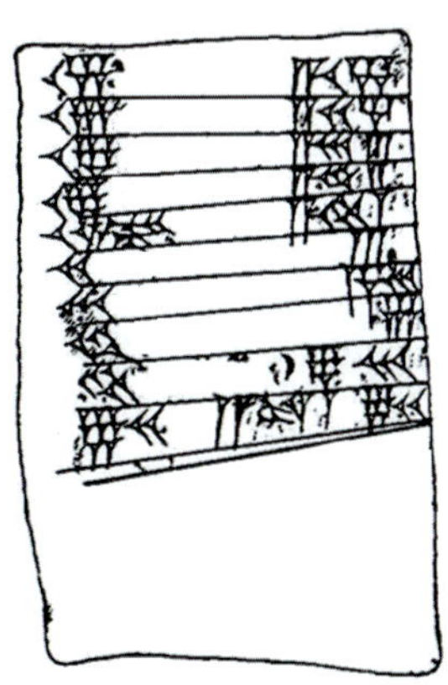

1	9
2	18
3	27
4	36
5	45
6	54
7	1:3
8	1:12
9	1:21
10	1:30
11	1:39
12	1:48
13	1:57
14	2:6
15	2:15
16	2:24
17	2:33
18	2:42
20-1	2:51
20	3
30	4:30
40	6
50	7:30
8:20	a-ra$_2$ 1 8:20

분수를 육십진법 소수로 나타낸 기록은 점토판 MS 3874(또는 MLC 1670)에 남아 있다. 보통 역수를 구할 때는 소수점 아래의 수가 유한개로 끝나지 않는 어려움

을 겪게 된다. 그런데 60은 약수가 2, 3, 5이고 10은 약수가 2, 5뿐이므로 육십진법에서는 십진법보다 나누어떨어지는 수가 더 많다. 분모에 3이 있는 경우, 십진법에서는 $\frac{1}{3}=0.333\cdots$, $\frac{1}{6}=0.1666\cdots$와 같이 무한소수가 되지만 육십진법에서는 유한소수로 표현된다. **〈표 0.2〉**에서 이를 확인할 수 있다(Ore, 1988). **〈표 0.3〉**에서는 2의 역수를 30, 3의 역수를 20으로 나타내었다.

〈표 0.3〉 역수 표

a	a^{-1}	a	a^{-1}	a	a^{-1}
2	30	16	3,45	45	1,20
3	20	18	3,20	48	1,15
4	15	20	3	50	1,12
5	12	24	2,30	54	1,6,40
6	10	25	2,24	1	1
8	7,30	27	2,13,20	1,4	56,15
9	6,40	30	2	1,12	50
10	6	32	1,52,30	1,15	48
12	5	36	1,40	1,20	45
15	4	40	1,30	1,21	44,26,40

제 4 절 합리적 논의

1. 단위분수 표

고대 이집트의 학생들은 $\frac{3}{10}$을 어떻게 이해하고 있었을까? 먼저, 고고학자 아돌프 에르만의 주장을 알아보자(Erman 1894).

> 이집트 학생들은 어떤 수가 여러 개의 부분으로 나뉠 수 있다는 것을 잘 이해할 수 있었다. 그들은, 예를 들면, 단위분수 $\frac{1}{10}$을 '르-메트'라는 특별한 명칭을 사용하여 불렀다. 그러나 이런 부분은 항상 단수였으며 복수로 생각하지는 않았다. 따라서 '$\frac{1}{10}$과 $\frac{1}{10}$과 $\frac{1}{10}$' 또는 '$\frac{1}{5}$과 $\frac{1}{10}$'과 같이 말할 수 있었다. 우리에게 익숙한 $\frac{3}{10}$과 같은 개념은 이집트인의 마음 속에는 존재하지 않았다.

고대 이집트인들에게는 현대인들과 같은 분수 개념이 없었다는 것은 고고학자인 에르만의 오해로 보인다. 고대인들의 분수에 대한 이론은 비율에 대한 개념을 중심으로 하기 때문이다. 이와 같은 분수 이론은 16세기까지 지속된다. 정수 2가 같은 부분으로, 예를 들어, 43으로 나누어진다는 것은 근본적으로 2의 43에 대한 비율(2 : 43) 또는 $\frac{1}{43}$의 두 배로 이집트인들은 다음과 같이 분수로 표현했다.

$$2:43 = \frac{1}{42}+\frac{1}{86}+\frac{1}{129}+\frac{1}{301}$$

2와 43의 비율을 표현하는 방법은 아래와 같이 여러 가지이다. 이집트인들이 어떤 표현을 선호했는지는 모른다.

$$
\begin{aligned}
2:43 &= \frac{1}{24}+\frac{1}{256}+\frac{1}{1032}\\
&= \frac{1}{30}+\frac{1}{86}+\frac{1}{645}\\
&= \frac{1}{36}+\frac{1}{86}+\frac{1}{645}+\frac{1}{172}+\frac{1}{774}\\
&= \frac{1}{40}+\frac{1}{860}+\frac{1}{1720}\\
&= \frac{1}{42}+\frac{1}{86}+\frac{1}{129}+\frac{1}{301}
\end{aligned}
$$

현대인은 분수 $\frac{2}{43}$의 개념을 잘 이해하고 있다. 다만 손 계산은 하지 않을 것이고 (못할 수도 있음) 계산기를 사용하면 다음과 같다.

$$\frac{2}{43}=\frac{4}{10^2}+\frac{6}{10^3}+\frac{5}{10^4}+\frac{1}{10^5}+\frac{1}{10^6}+\frac{6}{10^7}+\cdots$$

누구의 표현이 더 실용적인 표현일까?

이집트 수학은 태생으로 보았을 때, 사회적 산물이며 매우 실용적인 가치를 지니고 있다. 에르만이 예로 들은 $\frac{3}{10}$을 살펴보자. 우리는 이를 0.3 또는 3의 10등분으로 받아들인다. 생각해야 하는 것은 "어떻게 균등분할을 하느냐"이다. 균등분할을 하려면 먼저, 분모 10을 최대한 줄이는 것이 유리하다. 이를 위하여 이집트인은 최적화 알고리즘 등을 적용한다. 이에 따르면 $\frac{3}{10}$보다 작은 수 중에서 가장 큰 것은 $\frac{1}{5}$이므로 $\frac{3}{10}=\frac{1}{5}+\frac{1}{10}$이 된다. 곡물 가마니를 분배해 보자. 분수 $\frac{3}{10}$의 의미는 "곡물 3가마니를 10명에게 분배하는 방법은 무엇인가?"를 묻는 것이다. 곡물을 분배하기 위해서 먼저 각 곡물 가마니를 5등분한다.

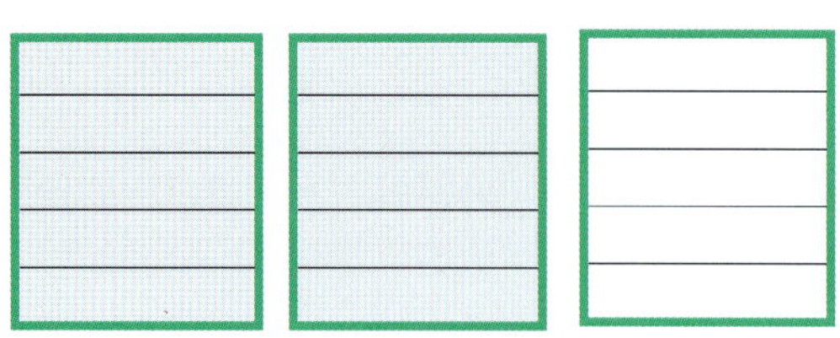

각 곡물 가마니를 5등분하여 10명에게 하나씩 주면 한 가마니가 남는다.

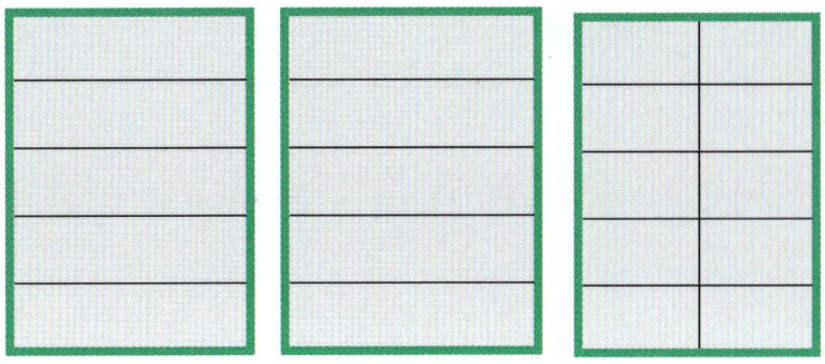

남은 한 가마니는 다시 이등분하여 10명에게 하나씩 준다.

남은 곡물을 다시 이등분하면 각 부분은 곡물 한 가마니의 $\frac{1}{10}$에 해당한다. 즉, 단위분수의 분해 $\frac{3}{10}=\frac{1}{5}+\frac{1}{10}$는 20조각으로 분배하는 최적화 방법을 말하며 $\frac{3}{10}=\frac{1}{10}+\frac{1}{10}+\frac{1}{10}$은 3가마니를 10명에게 균등분할을 위하여 모두 30조각을 요구하고 있다. 이집트인들이 단위분수를 단수로 사용한 이유는 분할 방법에서 최적화를 추구한 것으로 추정할 수 있다. 《아메스 파피루스》 81번 문제는 곡물 분배로 $\frac{5}{8}=\frac{1}{2}+\frac{1}{8}$도 사용한다. 이 경우 곡물 5가마니를 8명이 나누는 것으로 $\frac{1}{8}+\frac{1}{8}+\frac{1}{8}+\frac{1}{8}+\frac{1}{8}$보다 훨씬 간편한 분배가 가능하다. 전자는 16개의 분할이고 후자는 40개의 분할이 필요하다.

단위분수 분해의 사용은 분배에 국한되지 않는다. 예를 들어 $\frac{153}{266}$은 곡물 분배로 보기는 어렵다. 참고로, 쿠푸왕의 대피라미드에서 높이를 146.30미터, 밑변의 길이를 230.45미터로 보면 이들의 비는 (피라미드의 높이)$\times x =$ (피라미드의 밑변)에서 $\frac{230.45}{146.30}=\frac{419}{266}$로 $1+\frac{1}{2}+\frac{1}{14}+\frac{1}{266}$을 얻는다. 즉,

$$(\text{피라미드의 높이})\times\left(1+\frac{1}{2}+\frac{1}{14}+\frac{1}{266}\right)=(\text{피라미드의 밑변})$$

환언하면 최적화 알고리즘에서 $\frac{153}{266}=\frac{1}{2}+\frac{1}{14}+\frac{1}{266}$ 등은 토목공사 등에서 비율 계산으로 쓰인 것으로도 추정할 수 있다.

2. 9세기 아랍 세계의 단위분수

아메스는 《아메스 파피루스》의 문제 21, 22, 23번에서 합이 1이 되는 단위분수를 다룬다.

문제 21 $\frac{2}{3}+\frac{1}{15}$에 단위분수를 합하여 1을 만들어라.

아메스는 이 문제를 풀기 위하여 먼저 15를 곱했다. $\frac{2}{3}+\frac{1}{15}$에 15를 곱하면 각각 10과 1이 되어 11이다. 15가 되기 위해서는 4가 필요하다. 아래 표의 3행과 5행을 더하면 4가 되므로 $\frac{1}{5}$과 $\frac{1}{15}$이 구하는 수이다.

	1	15
	$\frac{1}{10}$	$1\frac{1}{2}$
\	$\frac{1}{5}$	3
\	$\frac{1}{15}$	1
	합	4

즉, $\frac{2}{3}+\frac{1}{15}+\left(\frac{1}{5}+\frac{1}{15}\right)=1$이다. 이 식에 15에 곱하면 이 식은 $10+1+(3+1)=15$와 같아 괄호 안의 $3+1$을 구하여 문제를 해결한 셈이다.

문제 22에서는 $\frac{2}{3}+\frac{1}{30}$에 단위분수를 합하여 1을 만드는 문제, 문제 23에서는 $\frac{1}{4}+\frac{1}{8}+\frac{1}{10}+\frac{1}{30}+\frac{1}{45}$에 단위분수를 합하여 $\frac{2}{3}$를 만드는 문제를 제안하는데, $\frac{1}{3}$을 더하여 1을 만드는 방법으로 해결한다.

이런 방법은 9세기 바그다드를 중심으로 한 이슬람권에도 영향을 준 것으로 보인다. 알 콰리즈미는 그의 저서 《대수학》 9장에서 유산 배분 문제를 다룰 때 같은 방법을 사용한다. 다음의 예를 보자.

> 한 여자가 남편과 아들과 어머니를 남기고 죽었다. 그녀는 어떤 사람에게 유산의 $\frac{2}{5}$를, 또 다른 사람에게는 유산의 $\frac{1}{4}$을 유증하였는데, 아들에게는 전체를, 어머니에게는 어머니 몫의 절반을 부과하였다. 남편에게는 아무것도 부과하지 않았으므로 법에 따라 남편은 자신의 몫에서 $\frac{1}{3}$을 내야 한다 (Rosen 1986, 91~93).

코란에 따르면 자식이 있는 경우, 남편의 몫은 유산의 $\frac{1}{4}$, 어머니의 몫은 $\frac{1}{6}$이므로 유산을 12로 놓으면 남편은 $\frac{3}{12}$, 어머니는 $\frac{2}{12}$, 아들은 남는 $\frac{7}{12}$을 갖는다. 각자의 몫에서 제삼자 유증분을 빼면 남편은 $\frac{2}{12}$, 어머니는 $\frac{1}{12}$, 아들은 자기 몫 $\frac{7}{12}$의 $\frac{7}{20}$을 갖는다. 여기에서 알 콰리즈미는 분수 계산을 피하려고 유산을 240이라고 놓는다. 그러면 제삼자 몫은 남편이 내놓은 20, 어머니가 내놓은 20, 아들이 내놓은 91을 더한 131이다. 제삼자 두 명은 이것을 비율에 따라 나눠 갖는다. 두 명의 몫이 $\frac{2}{5}$와 $\frac{1}{4}$, $\frac{8}{20}$, $\frac{5}{20}$이므로 한 명은 $\frac{8}{13}$, 또 한 명은 $\frac{5}{13}$을 받으면 된다. 두 사람 몫을 확실히 나타내고 싶으면 240에 13을 곱한 3120에서 나누면 된다.

알 콰리즈미는 이와 같이 남편, 어머니, 아들의 분배를 위해 분수식을 정수의 합 '$60+40+140=240$'으로 변형하여 제삼자의 가상 몫 $20+20+91=131$을 계산하고, 제삼자의 몫을 최종적으로 구하기 위해 240에 13을 곱한 3120을 제시한다. 이것은 분수식 $\frac{1}{4}+\frac{1}{6}+\frac{7}{12}=1$을 공배수를 이용한 정수의 합 $780+520+1820=3120$으로 변형하여 총유산 3120에 대한 분배를 제시한 셈이다. 알 콰리즈미는 분수식 $\frac{1}{4}+\frac{1}{6}+?=1$에서 $\frac{7}{12}$의 언급 없이 정수의 합 '$3+2+7=12$'로 변환했는데 이는 고대 이집트의 산술의 영향이다. 이집트 방법을 문제로 알아보자.

단위분수의 합이 1이라는 것은 상속 비율의 합이 1이라는 것으로 해석된다. 만일 상속 비율의 합이 1을 넘으면 어떻게 해결했을까? 다음 문제를 보자(Rosen 1986, 99~100).

한 여자가 딸 한 명과 어머니와 남편을 남기고 죽었다. 어떤 사람에게 어머니의 몫만큼을, 또 다른 사람에게는 유산의 $\frac{1}{9}$을 유증하였다(Rosen 1986, 99~100).

알 콰리즈미는 이 문제의 풀이를 딸은 유산의 $\frac{2}{3}$, 어머니는 $\frac{1}{6}$, 남편은 $\frac{1}{4}$을 받는다고 출발한다. 코란에 따르면 딸이 1명인 경우는 $\frac{1}{2}$을 받고 딸 2명은 $\frac{2}{3}$를 받으므로 문제에서 딸 한 명이라고 한 것은 번역 과정에서 생긴 문제로 보인다. 우리는 딸 2명[3]으로 하여 알 콰리즈미의 풀이를 따라가자.

코란에 따른 상속분을 모두 더하면 $\frac{13}{12}$으로 1보다 크다. 알 콰리즈미는 이 난관을 해결하기 위해 유산을 $13v$로 놓는다. 망자가 제삼자 A에는 $\frac{1}{9}$, 제삼자 B에는 어머니 몫만큼 유증하였으므로 제삼자 몫은 $\frac{1}{9}$과 $2v$이다. 전체 유산 1에서 이것을 뺀 $1-(\frac{1}{9}+2v)$가 상속자들이 나누어 가질 유산이다. 이것을 $13v$와 같다고 놓으면 식 $\frac{8}{9}-2v=13v$가 세워진다. 알 콰리즈미는 이항과 연산 기법으로 $1\frac{7}{8}v=\frac{1}{9}$을 구한다. 따라서 제삼자 A는 $1\frac{7}{8}v$, 제삼자 B는 $2v$를 받고 어머니는 $2v$, 남편은 $3v$, 딸 2명은 $8v$를 받으면 된다.

알 콰리즈미는 두 단계를 거쳐 '단위분수들의 합=1'을 만드는 특별한 방법을 사용하고 있다. 코란에 따라 만들어진 식 $\frac{2}{3}+\frac{1}{4}+\frac{1}{6}=\frac{13}{12}$으로부터 분모를 통분하면 $\frac{8}{12}+\frac{3}{12}+\frac{2}{12}=\frac{13}{12}$이고 양변에 $\frac{12}{13}$를 곱하면 분수들의 합 $\frac{8}{13}+\frac{3}{13}+\frac{2}{13}=1$로 변형된다. 이 변형된 식으로부터 13을 유산으로 설정했을 때, 망자의 유산은 $8+3+2$로 분배된다. 3명에게 $\frac{1}{2}$, $\frac{1}{3}$, $\frac{1}{9}$로 분배하는 경우 $\frac{1}{2}+\frac{1}{3}+\frac{1}{9}=\frac{17}{18}$로 1보다 적은 값이 나타나지만, 양변에 2, 3, 9의 최소공배수 18을 곱하면 $9+6+2=$

3 Rosen은 각주에서 남편이 1/4이 아닌 3/13, 어머니가 1/6이 아닌 2/13를 받는다는 사실만 지적하고 그 이유에 관해서는 설명하지 않는데, Gandz(1937, 330~331)는 Rosen이 아랍어 *ibnataiha*는 딸 2명을 말하는데 딸 1명으로 잘못 번역했다고 지적한다. 코란에 의하면 딸이 1명인 경우에는 유산의 1/2을 받는다.

17이다. 17을 망자의 유산으로 가설정하면 유산분배를 할 수 있다.

3. 10세기 아랍 세계의 단위분수

940년에 페르시아에서 태어나 959년에 바그다드로 온 아불 와파 부즈자니(Abu'al-Wafa al-Buzjani, 940~997)가 쓴 《서기와 상인에게 필요한 산술학에 대한 책》의 1장에 의하면 당시 지금과 같이 통분을 이용한 분수 계산은 전문가들 사이에서만 가능했고 상인들은 고대 이집트의 분수 계산과 비슷하게 기본분수($\frac{1}{2}$부터 $\frac{1}{10}$까지의 9개의 분수와 분자는 2에서 9까지, 분모는 3에서 10까지인 분수)만을 사용하는 것을 선호하였다. 다른 분수는 기본분수의 합 또는 곱으로 나타내었다. 분모에 7보다 큰 소수가 있으면 유한개의 기본분수의 합이나 곱으로 나타낼 수 없는데, 아불 와파 부즈자니는 상인들을 위하여 근사적으로 계산하는 방법을 $\frac{3}{17}$을 예로 들어 다음과 같이 세 가지로 설명하였다.

$$\frac{3}{17} \approx (3+1) \div (17+1) = \frac{2}{9}$$

$$\frac{3}{17} \approx 3\frac{1}{2} \div 17\frac{1}{2} = \frac{1}{5}$$

$$\frac{3}{17} \approx 3\frac{1}{7} \div 17\frac{1}{7} = \frac{1}{6} + \frac{1}{6} \times \frac{1}{10}$$

분수 $\frac{7}{15}$은 고대 이집트인들의 단위분수 분해 중에 최적화를 따르면 $\frac{7}{15} = \frac{1}{3} + \frac{1}{8} + \frac{1}{120}$로 나타나는데 분모가 10을 넘는 경우가 나타난다. 10세기 아랍 세계에서는 분모를 10 아래로 줄이기 위하여 15는 60의 약수이므로 '60의 약수의 합'을 사용한다. 즉,

$$\frac{7}{15} = \frac{28}{60} = \frac{12+10+6}{60} = \frac{1}{5} + \frac{1}{6} + \frac{1}{10}$$

60을 사용한 이유는 고바빌로니아에서 육십진법을 사용한 역사적 뿌리에 기반한

것으로 추정할 수 있고 '약수의 합'을 활용한 것은 9세기 후반 타빗 이븐 큐라(Thabit ibn Qurra, 836~901)의 친화수(amicable numbers) 연구 영향으로도 추정할 수 있다.

요약하면 10세기의 분수 체계는 고대 이집트의 분수 체계가 유지되고 있다(Saidan 1973, 368~370). 먼저, 10세기 이슬람 사회는 분수를 3가지로 구분하여 사용한다(Siadan 1973, 368~369). 첫째, 이집트 단위분수 체계를 사용하지만, 단위분수의 분모는 10까지 사용한다. 예를 들어,

$$\frac{5}{14}=\frac{1}{2}+\frac{1}{7},\quad \frac{1}{12}=\frac{1}{2}\times\frac{1}{6},\quad \frac{7}{12}=\frac{1}{3}+\frac{1}{2}\times\frac{1}{6}$$

등처럼 주어진 분수를 단위분수의 혼합계산으로 나타낸다. 둘째는 천문학자들이 사용하는 육십진법 분수, 셋째는 화폐, 무게, 길이 단위에 의한 분수 시스템이다. 이 경우 단위분수의 분모는 10보다 큰 경우도 사용된다. 예를 들면, 1 dirham = 6 danigs = 48 habbas로부터 danig는 1/6, habba는 1/48로 사용한다.[4]

참고로 단위분수에서 확장된 산술 개념은 십진 소수(decimal fraction)이다. 물론 육십진법의 소수 표현은 고바빌로니아 지역에서 사용해왔으며 피보나치도 육십진법의 소수 표현을 사용하여 오마르 카이얌(Omar Khayyam, 1048~1131)이 기하적으로 해결했던 삼차방정식 $x^3+2x^2+10x=20$의 해를 산술적으로 구하였다. 1225년 프레드릭(Frederick) 2세가 그에게 요청했기 때문이다. 육십진법의 소수 표현으로 나타낸 피보나치의 근삿값은

$$x=1+\frac{22}{60}+\frac{7}{60^2}+\frac{42}{60^3}+\frac{33}{60^4}+\frac{4}{60^5}+\frac{40}{60^6}$$

이다. 십진 소수로는 $x=1.368808107853\cdots$로 소수점 이하 열 번째 자리까지 정확하다.

십진 소수를 중국을 제외한 지역에서 최초로 도입한 사람은 알 유클리디시(al-Uqlidisi, 10세기)이다(Katz 2009, 269~270). 목판에 먼지를 묻힌 판(dust board)과

4 이와 같은 단위분수 사용은 고대 이집트인들의 길이의 사용에서 찾아볼 수 있다. 고대 이집트인들은 길이의 기본단위로 1cubit(약 20.60인치)를 사용하며 1 cubit = 7 plams = 28 fingers이다. 따라서 1 plam = 1/7, 1 finger = 1/28 이다(Gillings 1975, 207~208).

뾰족한 철필이 아닌 종이와 펜의 사용으로 인하여 연산 형식에 영향을 준 것으로 판단된다. 그는 952~953년 디마스커스에서 《힌두산술, The Book of Chapters on Hindu Arithmetic》을 저술한다. 그는 이 책에서 종이와 펜을 선호하고 먼지 판을 포기하는 이유를 다음과 같이 기술한다.

> 많은 사람들은 이 산술 기술(힌두산술)을 사용해야 할 때 손에 있는 먼지 판을 보여주는 것을 꺼리는데, 그 이유는 그의 주위 사람들이 그의 손에 들려있는 것을 보고 오해를 불러일으킬까 두려워하기 때문이다. 이는 그에게 어울리지 않은 행동인데, 그 이유는 길거리에서 점성술로 생계를 유지하는 무능한 사람들의 손에도 이 도구가 들려있기 때문이다.

알 유클리디시가 십진법으로 정수, 소수를 계산한 방법은 아래와 같다(Berggren 1986, 36~38).

곱셈 3249 × 2735

			3249			
			2735			
6	21	9	16			
	4	14	6	10		
		8	28	12	20	
			18	63	27	45

(자리를 맞추어 더하면 계산 결과는 8,886,015이다.)

소수, 분수 곱셈

$$
\begin{aligned}
148.5 \cdot (1+\frac{1}{10}) &= \frac{(148.5 \cdot 11)}{10} \\
&= 148 \cdot (\frac{11}{10}) + 0.5 \cdot (\frac{11}{10}) \\
&= 162.8 + 0.55 = 163.35
\end{aligned}
$$

현재 우리가 사용하고 있는 십진 소수 체계는 1427년 사마르칸트에서 활동하던 알 카시(al-Kashi, 15세기)에 의하여 완성된다. 그가 도입한 계산(예를 들면 14.3×25.07은 먼저 143×2507를 계산하고 소수점 부분은 규칙 $10^m \cdot 10^n = 10^{m+n}$을 적용)을 현재 우리가 그대로 사용하고 있다. 그는 이와 같은 방법의 중요성을 알고 있었다(Saidan 1966, 488). 기원전 2세기부터 중국에서 십진 소수 체계가 도입되어 13세기 양휘(Yang Hui)에 의하여 발전되는데 중국에서 중동으로의 전이에 대한 증거는 없다. 알 유클리디시의 아이디어는 독립적인 반면 알 카시의 아이디어는 중국의 영향을 받았을 가능성이 있는 것으로 보인다(Saidan 1966, 490).

4. 13세기 피보나치의 단위분수 분해

피보나치는 1202년에 《산술서》 제7장에서 분수의 사칙연산을 다룬다. 특히, 제7장 6절에서는 약수와 배수를 이용한 단위분수 분해를 제시한다. 그는 $\frac{5}{6}$에 대하여 5는 6의 약수가 아니므로 5를 3+2로 분해한다. 따라서

$$\frac{5}{6} = \frac{3+2}{6} = \frac{3}{6} + \frac{2}{6} = \frac{1}{2} + \frac{1}{3}$$

이어서 $\frac{7}{8}$은 $7 = 4 + 2 + 1$를 이용하여 $\frac{7}{8} = \frac{1}{2} + \frac{1}{4} + \frac{1}{8}$로 분해하고, 계산 없이 다양한 단위분수 분해를 표로 제시한다.

$$\frac{k}{6}\ (1 \le k \le 5),\ \frac{k}{12}\ (1 \le k \le 11),\ \frac{k}{20}\ (1 \le k \le 19),$$
$$\frac{k}{24}\ (1 \le k \le 23)$$

피보나치는 분모가 60과 100의 경우 부분적으로 제시한다. 예를 들면

$$\frac{29}{60} = \frac{1}{20} + \frac{1}{10} + \frac{1}{3}$$

$$\frac{98}{100}=\frac{1}{100}+\frac{1}{50}+\frac{1}{5}+\frac{1}{4}+\frac{1}{2}$$

피보나치가 주로 사용한 분모가 100인 분수 표는 다음과 같다. 합의 기호를 그가 생략한 대로 소개한다.

〈표 0.4〉

$\frac{k}{100}$의 분해					
1	$\frac{1}{100}$	15	$\frac{1}{20}\ \frac{1}{10}$	70	$\frac{1}{5}\ \frac{1}{2}$
2	$\frac{1}{50}$	20	$\frac{1}{5}$	75	$\frac{3}{4}$
3	$\frac{1}{100}\ \frac{1}{50}$	25	$\frac{1}{4}$	80	$\frac{4}{5}$
4	$\frac{1}{25}$	30	$\frac{1}{10}\ \frac{1}{5}$	85	$\frac{1}{10}\ \frac{3}{4}$
5	$\frac{1}{20}$	35	$\frac{1}{10}\ \frac{1}{4}$	95	$\frac{1}{5}\ \frac{1}{4}\ \frac{1}{2}$
6	$\frac{1}{50}\ \frac{1}{25}$	40	$\frac{2}{5}$	96	$\frac{1}{100}\ \frac{1}{5}\ \frac{1}{4}\ \frac{1}{2}$
7	$\frac{1}{50}\ \frac{1}{20}$	45	$\frac{1}{5}\ \frac{1}{4}$	97	$\frac{1}{50}\ \frac{1}{5}\ \frac{1}{4}\ \frac{1}{2}$
8	$\frac{2}{25}$	50	$\frac{1}{2}$	98	$\frac{1}{100}\ \frac{1}{50}\ \frac{1}{5}\ \frac{1}{4}\ \frac{1}{2}$
9	$\frac{1}{25}\ \frac{1}{20}$	60	$\frac{3}{5}$	99	$\frac{1}{25}\ \frac{1}{5}\ \frac{1}{4}\ \frac{1}{2}$
10	$\frac{1}{10}$				

피보나치는 제7장 마지막 부분에서 이집트의 단위분수 분해로 최적화 알고리즘을 사용한다. 예를 들면 다음과 같다(Sigler 2002, 124~125).

$$\frac{4}{13}=\frac{1}{4}+\frac{1}{18}+\frac{1}{468}$$

$$\frac{9}{61}=\frac{1}{7}+\frac{1}{244}+\frac{1}{1708}$$

$$\frac{17}{29} = \frac{1}{2} + \frac{1}{12} + \frac{1}{348}$$

피보나치가 제시한 분수의 사칙계산은 고대 이집트의 수학을 계승하고 있다고 보여진다.

5. 미해결 문제

현대 정수론에서도 매우 흥미 있는 주제로, 모든 자연수 $n > 1$에 대하여 정수해를 구하는 두 개의 단위분수 관련 문제를 살펴보자. 이는 우리가 앞에서 본 **〈표 0.1〉**과 관련이 있다.

(Erdős & Straus의 가설)

임의의 정수 $n \geq 2$에 대하여

$$\frac{4}{n} = \frac{1}{x} + \frac{1}{y} + \frac{1}{z}$$

를 민족하는 양의 정수 $x,\ y,\ z$는 존재하는가?

본 가설은 현재 컴퓨터 계산으로 $n \leq 10^{17}$까지는 성립한다.

(Sierpinski의 가설)

임의의 정수 $n \geq 4$에 대하여

$$\frac{5}{n} = \frac{1}{x} + \frac{1}{y} + \frac{1}{z}$$

를 만족하는 양의 정수 x, y, z는 존재하는가?

본 가설은 $5 \leq n \leq 1057438801$에 대해 성립한다.

6. 다양한 분수의 표현

고대 이집트인들의 다양한 분수 표현 방법과 기원전 300년경에 헬레니즘 시대 알렉산드리아에서 유클리드가 제시한 “연속되는 몫과 나머지”를 이용한 방법을 가분수 $\frac{21}{8}$로 비교하여 살펴보자.

$\frac{21}{8}$을 고대 이집트와 헬레니즘(알렉산드리아)에서

$$\frac{21}{8}=2+\frac{1}{2}+\frac{1}{8}=2+\cfrac{1}{1+\cfrac{1}{1+\cfrac{1}{1+\cfrac{1}{2}}}}$$

로 사용되었다. 표현과정을 살펴보자.

(고대 이집트)

1	8
2	16
1/2	4
1/4	2
1/8	1

	1	8
＼	2	16
＼	1/2	4
	1/4	2
＼	1/8	1
	$2+\frac{1}{2}+\frac{1}{8}$	

(헬레니즘)

8과 21에 몫과 남지를 거듭 시행(Euclidean algorithm)하면

$$21 = 2\times 8+5$$
$$8 = 1\times 5+3$$
$$5 = 1\times 3+2$$
$$3 = 1\times 2+1$$
$$2 = 2\times 1+0$$

다시 이들을 분수로 계속하여 바꾸면 다음 연분수를 얻는다.

$$\frac{21}{8}=2+\cfrac{1}{1+\cfrac{1}{1+\cfrac{1}{1+\cfrac{1}{2}}}}$$

몫과 나머지를 이용하여 근삿값을 구한 기록도 있다. 아리스타르코스(Aristarchus, 310~230 BCE)는 그의 저서 《태양과 달의 크기와 거리에 대하여, On the sizes and distances of the sun and moon》에서 6개의 가설로 출발하여 18개의 명제를 다루고 있다. 그가 사용한 연분수

$$\frac{7291}{4050} \fallingdotseq 1+\cfrac{1}{1+\cfrac{1}{21+\cfrac{1}{2}}}=\frac{88}{45}$$

$$\frac{71755875}{61735500}=\frac{21261}{18292} \fallingdotseq 1+\cfrac{1}{6+\cfrac{1}{6}}=\frac{43}{37}$$

을 살펴볼 때, 당시 연분수를 어떻게 활용해야 할지 알고 있었다고 추측된다(Heath 2004, 336). "명제 15. 태양과 지구의 지름의 비율은 19/3보다 크고 43/6보다 작다"를 증명하는 과정에서 y를 태양반경과 지구반경의 비라 하면

$$\frac{y}{y-1} > \frac{71755875}{61735500}$$

을 얻는다. 아리스타르코스는 여기서도 y의 범위를 구할 수 있지만

$$\frac{71755875}{61735500} \fallingdotseq \frac{43}{37}$$

로 근사하여 구한다. 따라서 부등식

$$\frac{y}{y-1} > \frac{43}{37} \text{ 또는 } 37y > 43y-43$$

으로부터 $y < \dfrac{43}{6}$을 얻는다. 먼저 $\dfrac{71755875}{61735500} = \dfrac{21261}{18292}$이다. 이제 두 정수 21261, 18292에 몫과 나머지를 거듭 시행하면

$$
\begin{aligned}
21261 &= 1 \times 18292 + 2969 \\
18292 &= 6 \times 2969 + 478 \\
2969 &= 6 \times 478 + 101 \\
478 &= 4 \times 101 + 74 \\
101 &= 1 \times 74 + 27 \\
74 &= 2 \times 27 + 20 \\
27 &= 1 \times 20 + 7 \\
20 &= 2 \times 7 + 6 \\
7 &= 1 \times 6 + 1 \\
6 &= 6 \times 1 + 0
\end{aligned}
$$

이다. 이를 연분수로 바꾸면

$$\frac{21261}{18292} = 1 + \cfrac{1}{6 + \cfrac{1}{6 + \cfrac{1}{4 + \cfrac{1}{1 + \cfrac{1}{2 + \cfrac{1}{1 + \cfrac{1}{2 + \cfrac{1}{1 + \cfrac{1}{6}}}}}}}}}$$

아리스타르코스는 이 연분수를

$$1 + \cfrac{1}{6 + \cfrac{1}{6}} = \frac{43}{37}$$

로 근사하여 사용하였다.

7. 무리수의 연분수 표현

중학교 수학에서

「 $\dfrac{1}{1+\sqrt{2}}$ 을 유리화하여라. 」

는 실제 다항식의 몫과 나머지와 맥을 같이한다. 학생들은 무리수 $\dfrac{1}{1+\sqrt{2}}$ 을 유리화하라는 문제를 만나면 다음과 같이 기계적으로 계산한다.

$$\frac{1}{\sqrt{2}+1}\times\frac{\sqrt{2}-1}{\sqrt{2}-1}=\frac{\sqrt{2}-1}{2-1}=\sqrt{2}-1$$

이제 유리화에 관한 다음 질문에 대하여 생각해 보자.

유리화를 바탕으로

$$\sqrt{2}=1+(\sqrt{2}-1)=1+\frac{1}{\sqrt{2}+1}$$

이고

$$\begin{aligned}\frac{1}{\sqrt{2}+1}&=\frac{1}{2+(\sqrt{2}+1-2)}\\&=\cfrac{1}{2+\cfrac{1}{\sqrt{2}+1}}\\&=\cfrac{1}{2+\cfrac{1}{2+(\sqrt{2}-1)}}\\&\quad\vdots\end{aligned}$$

따라서

$$\sqrt{2}=1+\cfrac{1}{2+\cfrac{1}{2+\cfrac{1}{2+\cfrac{1}{2+\ddots}}}}$$

이므로 $\sqrt{2}$ 는 중복해서 표현되는 무한연분수로 표현된다. 무리수를 무한연분수로 나타낼 때는 다음과 같은 경우를 주의해야한다.

$$\frac{1}{1-\sqrt{2}} = -\sqrt{2}-1$$

이다. 이를 이용하여 유리화를 거듭 사용하면

$$-\sqrt{2}-1 = \frac{1}{1-\sqrt{2}} = \frac{1}{2+(-\sqrt{2}-1)} = \cfrac{1}{2+\cfrac{1}{2+\cfrac{1}{2+\cdots}}}$$

으로 (좌변) 끝은 음수이고 (우변) 끝은 양수인 모순을 얻기도 한다. 따라서, 무한연분수로 표현한 후에는 결과를 검토해야 한다(손재범 2011).

1장

이집트 피라미드학

(c.2650 BCE)

사고의 수학적 양상

1장에서는 이집트 피라미드학(pyramidology)을 다룬다. 본 주제와 관련된 청동기 시대에 인간 사고의 수학적 양상은 모델링, 논리적 해석, 기호화 등으로 볼 수 있다.

교육분야	용어	해당 카테고리
미국 수학교육	사고의 수학적 양상	논리적 해석, 모델링
IB DP 수학교육	12 개념	모델링, 표현
CT 교육	분류	모델링, 추상화

국제적 소양

수학은 모양(geometry)과 산술(arithmetic)로 이루어져 있다. 본 장에서 우리는 아프리카의 상징인 고대 이집트 피라미드와 관련된 기하학과 산술을 살펴보았다. 피라미드학에서 논쟁 중인 주요 수학 주제는 세 가지로 첫째, (3, 4, 5) 직각삼각형이 일부 피라미드 건축에서 사용되었는가, 둘째, 황금비가 일부 피라미드 건축에서 사용되었는가, 셋째, 원주율이 쿠푸왕의 대피라미드 건축에서 사용되었는가로 요약된다. 이는 1960년대에 "이집트 문명은 아프리카 흑인이 탄생시킨 것인가?"로 시작된 논쟁에서 이어진 과학사 논쟁의 주요 주제이다.

우리는 피라미드의 디자인 원리(design composition)가 무엇인지 유클리드의 《원론》에서 사용된 수학을 가설로 설정해 두 가지로 제시했다. 우리가 설정한 가설은 쿠푸왕의 대피라미드에 왜 황금비가 내재되었는지에 대한 합리적 가설이라고 본다. 우리의 합리적 가설은 뉴턴의 사령선의 구조를 피라미드와 동일하게 설명할 수 있으며, 따라서 피라미드를 이차방정식으로 특정 지울 수 있다. 현대적 건축과 예술 시각에서 페이(I. M. Pei)와 예술가 JR은 피라미드를 어떻게 바라보고 있는지도 매우 의미 있는 논의 사항이라고 본다. 이 장을 통하여 학생들은 청동기 시대 아프리카의 가치와 현대 디자인의 뿌리를 생각해 볼 수 있다.

개념 이해

- 고대 이집트인들이 기울기로 코탄젠트를 사용한 이유를 이해하며 여러 예를 기록으로 확인할 수 있다.
- 직각삼각형 (3, 4, 5)를 피라미드 건축에 사용한 합리적 가능성을 제기할 수 있다.

- 피라미드 디자인을 동적 조화로 설명할 수 있다.
- 뉴턴의 원뿔대를 피라미드 디자인으로 해석할 수 있다.
- 탈레스의 피라미드 높이 측정에 대하여 비판적 논의를 할 수 있다.
- '황금비'의 역사적 맥락을 추정할 수 있다.
- 거대 문명간 수학 문화의 전이를 이해한다.
- 고대 그리스의 고대 이집트로부터의 수학 문화적 차용 또는 접촉의 개연성을 제기할 수 있다.
- 건축가 페이(I. M. Pei)와 예술가 JR이 가지고 있는 피라미드에 대한 역사 인식을 추정해 본다.
- 수학이 사회적 산물인 것을 이해한다.
- 수학이 발견인지 발명인지에 대한 문제를 제기할 수 있다.

지식론

이 장에서 우리가 3단계로 제시하는 지식론은 모두 7가지이다.

주제1 고대 이집트인의 기울기	
1	청동기 시대 이집트인들이 사용한 기울기는 무엇인가?
2	고대 이집트인은 현재 사용하고 있는 기울기와 다르게 코탄젠트를 사용한 이유는 무엇인가?
3	탈레스가 가지고 있는 '기울기의 개념'을 추정할 수 있는가?
주제2 피라미드대의 부피공식	
1	청동기 시대 이집트인들의 피라미드대의 부피 공식은 무엇인가?
2	공식 유도를 위한 타당한 가설은 무엇인가?
3	공식을 통하여 고대 이집트인들의 기하 또는 대수적 수준을 추정할 수 있는가?
주제3 탈레스와 닮음비	
1	탈레스가 피라미드의 높이를 측정했다는 기록이 남아 있는가?
2	피라미드의 그림자에 직각삼각형의 닮음비를 사용할 수 있는가?
3	탈레스가 피라미드의 높이를 측정했을 가능성은 무엇인가?
주제4 쿠푸왕의 대피라미드와 황금비	
1	헤로도토스 및 최근 고고학자들이 측정한 쿠푸왕의 대피라미드의 크기는 어떠한가?
2	쿠푸왕의 대피라미드에서의 존 테일러의 가설은 무엇을 기반으로 하는가?

3	쿠푸왕의 대피라미드에 The Extreme and Mean Ratio (EMR)가 존재한다는 것을 추론할 수 있는가?
주제5 유클리드의 The Extreme and Mean Ratio	
1	유클리드가 말하는 황금비의 정의와 이름은 그의 저서 《원론》에서 무엇으로 소개되어 있는가?
2	유클리드의 정의를 한글로 어떻게 번역하는 것이 합리적인가?
3	'황금비'는 아름다운 비인가?
주제6 신용카드 디자인	
1	신용카드의 가로와 세로의 길이의 비는 무엇인가?
2	직사각형 모양의 신용카드를 동적 조화로 접근할 수 있는가?
3	신용카드 디자인은 고대 이집트와 고대 그리스의 유산으로 볼 수 있는가?
주제7 사령선과 동적 조화	
1	아폴로 11호 사령선의 크기는 어떠한가?
2	뉴턴은 아폴로 11호 사령선의 구조를 어떻게 예측하였나?
3	사령선에 대한 동적 조화는 저항을 최소화하는 데 유용한가?

선행지식

- 대각선의 성질
- 이차방정식
- 직각삼각형의 닮음비
- 직선의 기울기

교사의 암묵지를 위한 주제

- 닮음비
- 알 카시 정리(코사인 정리: $c^2 = a^2 + b^2 - 2ab\cos C$)
- 피라미드대의 부피 공식
- 타원
- 유클리드의 직사각형의 정사각형화 (《원론》 2권, 명제 14)
- 유클리드의 "The Extreme and Mean Ratio"(《원론》 2권, 명제 11)
- 정오각형 작도, $\cos 72°$

- 피라미드학(Pyramidology)
- 동적 조화(Dynamic Symmetry)
- 플라톤의 대화록 《티마이오스》
- 헤로도토스의 《역사》
- 뉴턴의 원뿔대
- 점화식 $x_n = x_{n-1} + x_{n-2}\ (x_0 = x_1 = 1)$
- 고대 문명의 특징

제 1 절 고대 이집트 피라미드

1. 태양을 향해 가는 피라미드

기원전 2649년 이집트 고왕국 제3왕조의 파라오 조세르가 죽은 뒤 왕권의 이미지는 태양의 신비로운 상징과 결합되었다. 태양신은 하늘의 군주이며 파라오는 영토 정복자에 그치지 않고 지상에서 신을 대리하는 자로 변신하였다. 왕이 죽으면 죽음의 신 오시리스(Osiris)와 동일시되었다. 이집트 신앙에 따르면, 별은 신성시되었으며 통치자는 별들 사이에 자리 잡는 것이 운명으로 정해져 있었다. "왕은 또 다른 몸으로 옮겨가고 … 그가 올라갈 수 있도록 사다리가 놓였다"라는 주문이 왕가의 피라미드 문서에 적혀 있다.

고왕국의 파라오들은 처음에는 흙으로 만든 직사각형 구조의 무덤에 묻혔다. 제3왕조 파라오 조세르(Djoser)의 피라미드가 특별한 것은 우리가 알고 있는 피라미드 형태로 나아가는 출발이었기 때문이다. 조세르의 피라미드는 여러 차례 증축된 것으로 밝혀졌는데, 처음에는 이전과 같이 직사각형 형태로 지어졌으나 이후 이전 것보다 작은 크기 5개를 층층이 올려 구성한 무덤, 즉 계단식 피라미드가 되었다. 당시 태양신을 모시는 고위 신관이었던 임호테프(Imhotep, 2680 BCE)가 설계한 것으로 알려져 있다. 임호테프는 그의 후계자들의 진정한 피라미드(true pyramid)를 건설하는 데 막대한 자원을 아끼지 않았다. 최초의 계산식 피라미드인 조세르의 피라미드는 이집트 카이로 근처의 사카라에 있다.

그림 1.1 조세르의 계단식 피라미드

흔히 우리가 생각하는 피라미드는 계단식이 아닌 정사각뿔 모양이다. 이 모양은 구름을 뚫고 쏟아지는 태양 광선을 표현한 것으로 태양이 떠오르는 동쪽에는 왕의 영안실을 설치하였다.

스노푸르(Snofru)는 제4왕조 첫 번째 파라오이다. 그는 계단식에서 진정한 피라미드 디자인으로의 전환하는 피라미드를 세 개 이상 건설했다. 기원전 2528년경 스노프루의 아들이자 후계자인 쿠푸(Khufu)는 기자에 대피라미드를 건설하였다.

건축가 임호테프를 언급하였듯이 피라미드는 건축가의 설계를 바탕으로 하여 건설되었음에 틀림없지만 발견된 설계도면은 없다. W. 듀런트(Durant 2011, 301)는 다음과 같이 말한다.

> 이집트의 토목기술은 그리스인이나 로마인이 알던 기술보다 뛰어났으며, 산업혁명 시대 이전만 해도 유럽 역시 이집트 수준에 미치지 못했다. 이집트를 능가하게 된 건 현대에나 들어서의 일이며, 아니면 그마저 우리의 오산일 수 있다.

1990년대 초에 많은 논란과 파장을 일으킨 피라미드학에서의 주요 논쟁을 3가지로 요약하면 다음과 같다(Bernal 1992; Palter 1993; Bernal 1994).

> 첫째, (3, 4, 5) 직각삼각형이 일부 피라미드 건축에서 사용되었는가?
> 둘째, 황금비가 일부 피라미드 건축에서 사용되었는가?
> 셋째, 원주율이 쿠푸왕의 대피라미드 건축에서 사용되었는가?

일부 학자들은 피라미드 측정에서 위에서 언급한 수학적 내용들이 수리적으로 추정되었다 하더라도 이것은 우연의 결과일 뿐이라고 주장한다(Bernal 2017, 365~367). 이와 같은 판단에 앞서 눈여겨보아야 하는 것은 피라미드 관련 고대 이집트인의 수학이다.

우리는 피라미드 건축에서 기울기나 디자인 구성 등을 알아보려 한다. 전자는 《아메스 파피루스》나 《모스크바 파피루스》의 피라미드 관련 기록을, 후자는 우리의 가설을 기반으로 하였다.

2. 《아메스 파피루스》에 기록된 피라미드의 기울기

피라미드는 여러 대륙에서 발견되었는데, 이집트에서 고대에 건설된 피라미드도 이집트 곳곳에 흩어져 있다. 피라미드의 모양을 일률적으로 말하기는 힘들지만, 피라미드와 관련된 파피루스 자료를 토대로 기울기와 부피 등을 논의할 수 있다.

여기서 먼저 고대 이집트의 길이 단위 체계에 대하여 살펴보자. 고대에는 신체를 이용한 단위를 사용하는 경우가 많았는데, 이집트도 마찬가지였다. 큐빗(cubit), 팜(palm), 핑거(finger)는 모두 손, 팔과 관계있다. 큐빗은 가운데 손가락 끝에서 팔꿈치까지의 길이, 팜은 손바닥 너비, 핑거는 손가락 너비를 말한다. 지금의 길이로 큐빗은 대략 52cm, 팜은 약 7cm, 핑거는 약 1.9cm 정도이다. 1큐빗은 팜의 7배, 팜은 핑거의 4배로 사용하였다.

서기 아메스는 《아메스 파피루스》에서 기울기를 세케드(seked)라고 부르며 기울기를 피라미드 높이 h를 1큐빗이라고 볼 때의 밑면의 길이의 절반인 d의 값으로 정의하였다. 이것은 지금의 표현으로는 코탄젠트이다(Chace 1979; Robins and Shute 1987). 높이 h를 큐빗으로 측정한 반면, d의 길이는 팜과 핑거 단위로 측정하였기 때문에 기울기 S는

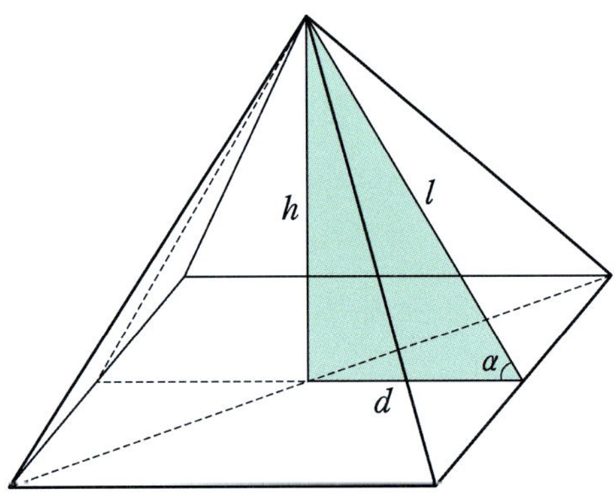

그림 1.2 피라미드

$$S = (7d)/h = 7 \cot \alpha$$

이다.

《아메스 파피루스》에서 피라미드의 기울기와 관련된 내용은 문제 56번에서 60번까지이다.

문제 56 피라미드의 높이가 250큐빗, 밑면의 길이는 360큐빗이다. 기울기를 큐빗으로 구하고, 팜으로도 구하여라.

문제 57 피라미드의 기울기가 5팜 1핑거, 밑면의 길이는 140큐빗이다. 피라미드의 높이를 큐빗으로 구하여라.

문제 58 피라미드의 높이가 $\left(93+\frac{1}{3}\right)$큐빗, 밑면의 길이는 140큐빗이다. 피라미드의 기울기를 팜과 핑거로 구하여라.

문제 59 피라미드의 높이가 8큐빗, 밑면의 길이는 12큐빗이다. 피라미드의 기울기를 팜과 핑거로 구하여라.

(B) 피라미드의 기울기가 5팜 1핑거이고, 밑면의 길이는 12큐빗이다. 높이를 큐빗으로 구하여라.

문제 60 원뿔의 높이가 30큐빗이고 밑면의 지름이 15큐빗이다. 기울기를 큐빗으로 구하여라.

문제 57에서 기울기가 5팜 1핑거이고 밑면의 길이의 절반은 70큐빗이므로 높이를 h(큐빗)이라고 하면

$$1 : \frac{1}{7}\left(5\frac{1}{4}\right) = h : 70$$

에서 높이 h는 $\frac{280}{3} = 93\frac{1}{3}$(큐빗)이다. 이로부터 문제 58은 문제 57의 역임을 알 수 있다. 문제 57, 58의 기울기의 각도는 $\cot\alpha = \frac{d}{h} = \frac{70}{70\times 4/3} = \frac{3}{4}$에서 약 53°이다.

마찬가지 방법으로 문제 56의 기울기를 구하면 $\left(\frac{1}{2}+\frac{1}{5}+\frac{1}{50}\right)$큐빗 또는 $\left(5+\frac{1}{25}\right)$팜으로 약 55°이다. 문제 59와 59(B)도 서로 역으로 기울기는 약 53°이다. 문제 60의 기울기는 $\frac{1}{4}$큐빗으로 약 76°이다.

아메스가 문제 56번에서 60번까지 다룬 피라미드의 기울기는 모두 실재하는 피라미드에서 온 것이다(Heath 1981; Mendelssohn 1974). 문제 56번은 다흐슈르에 있는 피라미드의 기울기와 일치하고, 문제 57, 58, 59에서 사용한 피라미드는 기자의 대피라미드 중 두 번째로 큰 카프레(Khafre) 피라미드의 기울기와 일치한다. 플린더

스 페트리(F. Petrie)가 측정한 각도는 $53^\circ 7' 48''$이다. 문제 60번은 $S = 1/4$(seked), $\alpha = 75^\circ 57' 50''$로 메이둠(Meidum) 피라미드와 직사각형 모양으로 생긴 마스터바 무덤(Mastaba-tombs)의 기울기와 일치한다.

직각삼각형의 크기로 이루어진 세 수 '(밑변, 높이, 빗변)'을 '이집트 짝(Egyptian triple)'이라고 부르는데, (3, 4, 5)는 가장 간단한 이집트 짝이다. 문제 57, 58, 59는 이집트 짝 (3, 4, 5)로 만들어지는 직각삼각형으로 우르카프(Userkaf, 고왕국 제5왕조, 재위 기간: 2494~2486 BCE)의 피라미드를 실측한 결과와 정확히 일치한다. 고왕국 제4왕조~제6왕조(3000~2450 BCE) 시기에 7개의 피라미드가 이 비율로 건설되었고 이후 여러 개 더 건설되었다.

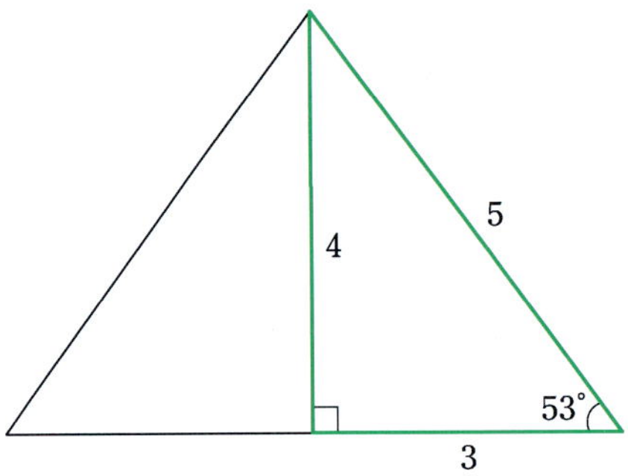

그림 1.3 (3, 4, 5) 직각삼각형

C. 로시는 이집트인들이 피라미드를 건설할 때 이집트 짝 $(21, 20, 29)$, $(15, 8, 17)$, $(5, 12, 13)$, $(7, 24, 25)$ 등을 사용했다고 보는 것은 불가능하지 않다고 주장한다. 이집트 짝은 피라미드의 기울기 세케드(seked)를 효과적으로 표현한다. 피라미드의 직각삼각형 연구에 대하여 C. 로시(Rossi 2003)의 저서를 참고해 보자.

로빈스, 슈트, 럽킨 등은 고왕국 후기 피라미드 건축가들이 경사를 14/11에서 4/3로 바꾼 것은 이들이 이집트 짝 $(3, 4, 5)$를 알고 있었을 뿐만 아니라 이에 특별한 의미를 부여했기 때문이라고 주장한다. 기울기로 말하면 5팜 2핑거를 5팜 1핑거로 바꾼 것이다. 전자의 예로 쿠푸(Khufu), 뉴세라(Neuserra)의 피라미드를 들 수 있고 후자의 예로 카프레(Khafre), 우세르카프(Userkaf), 테티(Teti), 페피 1세(Pepi I), 메렌레(Merenre), 페피 2세(Pepi II)의 피라미드 등을 들 수 있다.

3. 《모스크바 파피루스》에 기록된 피라미드의 부피 문제

피라미드가 일부 잘린 입체를 피라미드대라고 하자. 피라미드대의 부피를 구하는 문제는 《모스크바 파피루스》에 남아 전해진다. 《모스크바 파피루스》는 테베에서 발견된 것으로 25개의 수학 문제가 실려 있다. 현재는 모스크바의 박물관에 보관되어 있어 《모스크바 파피루스》라고 부른다. 피라미드대의 부피를 구하는 《모스크바 파피루스》의 14번 문제는 윗면과 아랫면의 길이가 2, 4이고 높이가 6인 피라미드대의 부피를 구하라는 것이다.

그림 1.4 스네푸르의 굽은 피라미드(다흐슈르, 기원전 2600년 무렵)

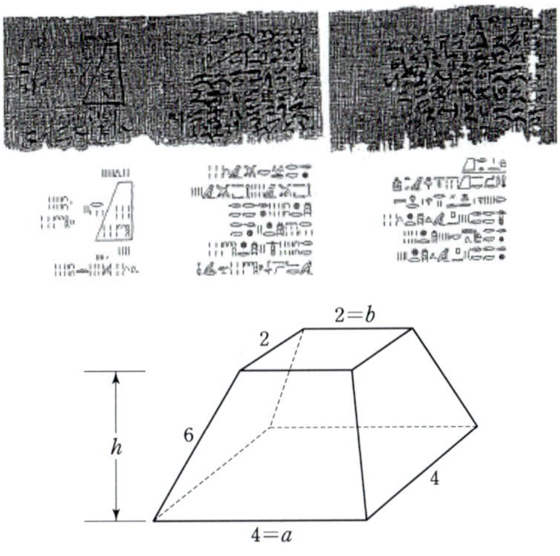

그림 1.5 《모스크바 파피루스》 14번

파피루스에 실려 있는 풀이는 2를 제곱하고 2와 4를 곱하고 4를 제곱한 것을 모두 더해놓고, 6에 1/3을 곱한 후 앞의 합과 더하라는 것이다. 고대 이집트인들은 이런 풀이를 어떻게 생각해내었을까? 두 가지로 추정되어 왔다.

하나는 입체의 분할을 통한 방법이고 나머지 하나는 자세히 소개할 대수적 방법이다. 이 풀이를 통하여 기원전 19세기 고대 이집트인의 대수적 방법을 추정해보려 한다. 가능성이 없다고 말할 수는 없다. 대수적 방법으로 추정하기 위하여 문자를 사용하겠다.

문제 14 밑면의 한 변의 길이가 a, 윗면의 한 변의 길이가 b, 높이가 h인 피라미드대의 부피 V는 다음과 같다.

$$V = \frac{h}{3}(a^2 + ab + b^2)$$

단계 ① 고대 이집트인들은 $b=0$인 경우 밑면이 a, 높이가 l인 피라미드의 부피가 $\frac{l}{3}a^3$임을 알았을 것으로 보인다.

단계 ② 피라미드대의 부피는 전체 피라미드에서 윗부분 피라미드의 부피를 빼서 계산하면 된다. 즉, 윗부분 피라미드의 높이를 k라 하면 피라미드대의 부피 V는 다음과 같다.

$$V = \frac{(h+k)}{3}a^2 - \frac{k}{3}b^2$$

단계 ③ k를 h에 대한 식으로 변형했을 것이다. 이때, **그림 1.5**에서 직각삼각형의 닮음비를 사용한 것으로 추정하면 고대 이집트인들은 $\frac{2k}{b} = \frac{2(h+k)}{a}$를 얻는다. 항을 이동하여 정리하면 $k = \frac{hb}{a-b}$이고 이를 대입하면 부피는 다음과 같다.

$$V = \frac{h}{3}\left(\frac{a^3}{a-b} - \frac{b^3}{a-b}\right)$$

단계 ④ 고대 이집트인들은 식 $a^3 - b^3 = (a-b)(a^2 + ab + b^2)$을 사용하여 다음과 같은 피라미드의 부피 공식을 구한 것으로 보인다.

$$V = \frac{h}{3}(a^2 + ab + b^2)$$

물론, 단계 4에서 사용된 인수분해가 이집트 문서로 발견된 적은 아직 없다. 따라서 이와 같은 대수적 방법을 확신할 수는 없다. 독자들은 Gillings(1964)의 방법을 참고해 보자.

4. 탈레스의 피라미드 측정

나일강 근처에는 지금도 거대한 피라미드가 35개 정도 남아 있다. 기자(Giza)에는 3개의 대피라미드(the Great Pyramids)가 있는데 탈레스(624~547 BCE)는 여러 피라미드의 높이를 쟀다고 전해진다.

탈레스가 피라미드의 높이를 측정했다는 최초의 기록은 디오게네스 라에르티우스(Diogenes, 2세기)에 의한 것이다. 그는 탈레스 사후 270여 년이 지난 시기에 살았던 히에로니무스(Hieronymus, 290~230 BCE)가 전한 이야기라고 다음과 같이 기록하였다.

> 그에게는 이집트에 가서 사제들과 교류할 때를 제외하고는 스승이 없었습니다. 또한 히에로니무스는 그가 피라미드를 측량하였는데, 그림자의 길이가 키와 같을 때 그것을 관찰하고 피라미드에 적용했다고 합니다.

디오게네스는 피라미드의 높이와 그림자의 길이가 같을 때 측정했다고 하였다. 플루타르크(Plutarch, 46~119 무렵)도 탈레스에 대해서 기록을 남겼다. 플루타르크는 디오게네스와는 다르게 막대를 이용했다고 하였지만 그 원리는 닮음으로 같다. 닮음비를 이용해서 계산할 때 흔히 제시되는 그림은 아래와 같다.

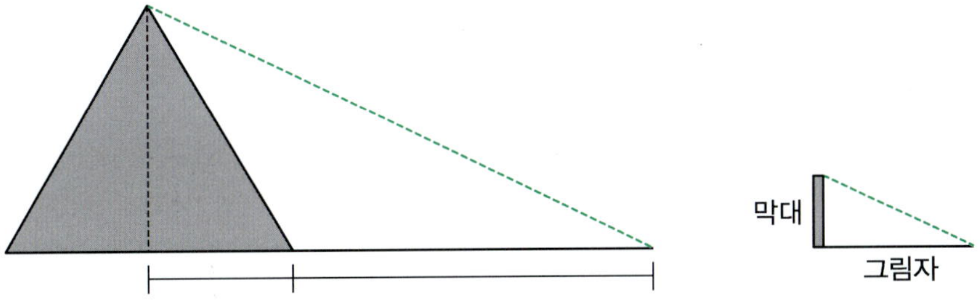

그림 1.6 두 닮은 직각삼각형을 이용하여 피라미드의 높이를 구하는 원리

여기서 우리가 논의할 것은 피라미드 그림자의 방향이다. **그림 1.6**은 피라미드의 꼭대기와 그것의 그림자를 잇는 선이 밑면의 모서리에 수직인 경우를 전제로 한 그

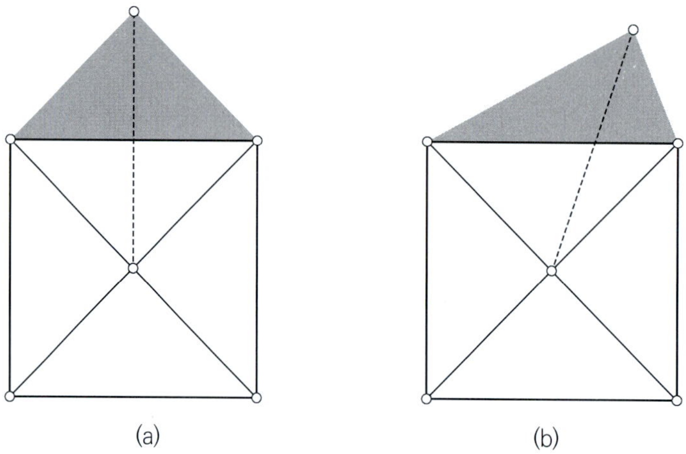

그림 1.7 피라미드와 그림자

림이다(**그림 1.7**(a)).

그림자가 **그림 1.7**(b), **그림 1.8**과 같이 비스듬하게 생기는 날에는 '일반삼각형의 닮음비'를 사용해야 하는데 이를 탈레스가 알고 있었다고 말하기는 어렵다.

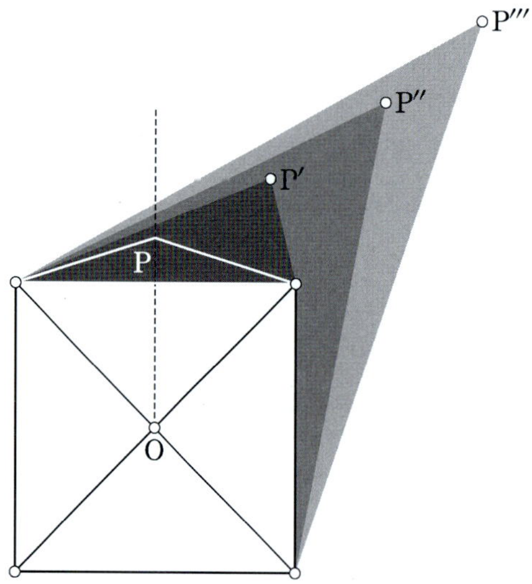

그림 1.8 피라미드 그림자

플루타르크나 디오게네스의 말처럼 탈레스가 피라미드의 높이를 직각삼각형의 닮음비를 이용하여 측정했다면 피라미드의 위치가 북위 30도이므로, 1년 중에 4일만

그림 1.7(a)가 가능하다(Redin, Viet and Watson 2000).

참고로 직각삼각형의 비례식을 사용한다는 것은 기울기와 관련이 있다. 탈레스는 각의 크기를 어떻게 이해하고 있었을까? 이집트인이 피라미드에서 사용한 기울기(seked, cotangent)와 같이 어떤 꼴의 형태로 이해하고 있었다는 히스의 주장을 참고해 보자(Heath 1981, 131).

> 탈레스는 각도를 크기로 생각하지 않고 특정 모양을 가진 도형으로 생각했는데, 이는 피라미드 기울기를 결정한다는 의미에서 '자연을 만드는 것'인 이집트인 세케드(코탄젠트)의 개념과 상당히 일치하는 견해입니다.

5. 헤로도토스의 쿠푸왕의 대피라미드 크기 기록

헤로도토스(Herodotus, 485~425 BCE)가 기자의 피라미드 단지를 방문한 것은 피라미드가 건축되고 2,000여 년이 지난 후이다. 그가 어떤 방법으로 알아내었는지는 알 수 없지만, 쿠푸왕의 대피라미드의 크기에 대하여 남긴 기록은 다음과 같다(Herodotus 2012, 145).

> 밑면은 정사각형이고, 한 변의 길이는 8플레트라이고 높이는 한 변의 길이와 같다.

밑변의 길이는 그의 발걸음을 이용하여 잰 것으로 추정한다. '높이가 한 변의 길이와 같다'는 문구를 해석해 보자. 1플레트론(plethron)은 100그리스 피트(Greek feet)로 29.608미터이다. 8플레트라는 236.864미터이므로 피라미드 밑변의 길이 230미터와는 비슷한 수치이지만 높이 146미터와는 차이가 크다. 어떻게 된 일일까? 짐작해 보자면, 헤로도토스는 피라미드 옆면의 모서리의 길이를 높이로 생각하지 않았을까? 이렇게 추측할 수 있는 근거는 두 가지이다. 옆면의 모서리의 길이가 219미터로 236.864미터와 비슷하다는 사실로부터, 헤로도토스는 과학자가 아니니 옆면의 모서리의 길이를 높이라고 알았을 가능성이 크다고 볼 수 있기 때문이다. 실제로 옆면 모서리의 길이는 높이보다 시각적으로 측정하기도 쉽다.

이에 대한 피라미드 학자 J. 테일러(John Taylor)의 생각은 다르다. 1859년 테일러는 헤로도토스가 플레트라를 가끔 넓이의 단위로 사용했다고 주장하며 '8플레트라'를 다음과 같이 넓이에 적용하였다고 해석하였다.

> 헤로도토스는 한 변이 길이가 피라미드 높이와 같은 정사각형의 넓이는 피라미드의 옆면의 넓이와 같다고 말했다.

이 해석에 따르면 "피라미드 높이의 제곱이 옆면인 삼각형의 넓이와 같다"는 것이다. 헤로도토스를 인용하는 것만으로 이 사실을 인정하기에는 어려움이 따르지만, D. 버튼(Burton 2007, 59) 등 다른 학자도 헤로도토스의 애매한 기록을 근거로 하여 테일러의 주장을 지지하고 있다. 피라미드 학자 테일러의 주장은 다음 절에서 언급하는 측량을 통하여 추론할 수 있다.

테일러의 해석에 따르면 쿠푸왕의 대피라미드에는 '황금비(Extreme and Mean Ratio)'가 존재한다. 황금비 ϕ는 $\frac{\sqrt{5}+1}{2} \approx 1.608$을 말한다. **그림 1.2**에서 $h = 2d$이고 $(2d)^2 = \frac{1}{2}2dl$이므로 $h^2 = dl$이다. 대각선 규칙[5]에서 $l^2 = h^2 + d^2$이므로 이차방정식 $(\frac{l}{d})^2 - \frac{h^2}{d^2} - 1 = 0$에서 $(\frac{l}{d})^2 - \frac{l}{d} - 1 = 0$으로 $\frac{l}{d} = \frac{\sqrt{5}+1}{2}$을 얻는다. 즉, 쿠푸왕의 대피라미드에서 옆면의 높이와 밑면의 길이의 절반의 비는 황금비를 이룬다.

6. 보나파르트의 이집트 침략과 쿠푸왕의 대피라미드 측정

1798년 7월 2일 보나파르트 군대가 알렉산드리아에 상륙한 후 9월 24일 여러 학자와 함께 보나파르트는 기자 피라미드 단지를 방문했다. 프랑스 원정대가 기자에

5 흔히 '피타고라스의 정리'라고 부르는 것을 이 책에서 우리는 '대각선 규칙(diagonal rule)'으로 표현하였다. 그 이유는 2장에서 다룬다.

도착하기 전에 몇몇 유럽인들은 쿠푸왕의 대피라미드를 측정했다. 쿠푸왕의 대피라미드의 기초는 모래에 파묻혀 있었고, 각진 부분은 침식되어 있었으며 외장재들도 모두 사라져 버렸기에 측정한 수치들은 제각각이었다. 공학자인 조마르와 세실은 피라미드의 높이를 137.217미터로 결론지었다. 천문학자 누에는 삼각법 공식을 사용하여 높이를 136.59미터로 주장했다.

버틀렛(Bartlett 2014)이 제시한 1840년부터 2012년까지 측정한 쿠푸왕의 대피라미드의 밑변의 길이와 높이는 다음과 같다.

특히, 페트리(F. Petrie, 1883)는 대략 2년 이상에 걸쳐 매우 정교한 피라미드 측량을 했다. 그가 측량한 결과는 밑변의 길이 230.3475미터, 높이 146.7104미터로 그

〈표 1.1〉 쿠푸왕의 대피라미드 측정값

연도	자료제공	밑변(미터)	높이(미터)
1840	Howard Vyse	232.8	148.2
1883	Flinders Petrie	230.348	146.71
1925	J. H. Cole	230.364	146.731
1971	Peter Tompkins	230.365	146.729
1971	Livio Stecchini	230.363	146.512
1981	Josef Dorner	230.360	-
1992	George Markowsky	230.365	146.731
1997	Mark Lehner	230.33	146.59
1998	Miroslav Verner	230.38	146.5
2000	Lawton-Herald	230.330	146.49
2000	Roger Hersch-Fischler	230.4	146.6
2001	John F. Pile	230.356	146.649
2002	Mario Livio	230.365	146.731
2004	Craig B. Smith	230.38	146.649
2006	Stephen Skinner	230.27	146.53
2007	John Romer	230.35	146.71
2008	Paul Calter	230.5	146.8
2009	Farid Atiya	230.356	146.649
2010	Stephen Brabin	230.348	146.59
2007	Zahi Hawass	230.37	146.59
2012	Glen Dash	230.329	-
평균		230.478	146.726

림 1.2에서 피라미드 옆면(삼각형)의 높이 l은 $\sqrt{146.7104^2 + 115.1736^2} \approx 186.5178$이고, 따라서 $\frac{l}{d} \approx 1.6194$. 피라미드 옆면의 넓이는 21481.9545이고 높이의 제곱은 21523.9415이다. $\pm 0.2\%$ 이내에서 일치한다.

7. 쿠푸왕의 대피라미드의 기하적 해석(1968)

C. 비어드(Beard 1968)는 페트리가 제시한 높이 481.33피트, 밑변의 길이 755.73피트를 사용하여 쿠푸왕의 대피라미드 구조에서 소위 황금비 $\phi = \frac{\sqrt{5}+1}{2}$와 관련된 성질을 더 찾아내었다.

그는 **그림 1.2**에서 $\frac{l}{d}$이 ϕ와 가깝다는 것을 $\frac{d}{\sqrt{\kappa}} = \frac{755.73}{2\sqrt{\kappa}} ≒ 480.65$(여기서 $\kappa = \phi^{-1} = \frac{\sqrt{5}-1}{2}$)가 실측 높이 481.33과 매우 가깝다는 것으로 설명한다. 비어드의 주장을 식으로 나타내자.

$h = \frac{d}{\sqrt{k}}$를 가정하면 $h^2 = \frac{d^2}{(d/l)} = dl$이다. 즉, 피라미드 높이의 제곱은 옆면인 삼각형의 넓이와 같다.

역으로, $h^2 = dl$을 가정하자. 직각삼각형의 성질에 의하여 $l^2 = d^2 + h^2$이고 $l^2 = d^2 + dl$이다. 양변을 d^2으로 나누면 이차방정식 $x^2 - x - 1 = 0$의 근 $\frac{l}{d} = \frac{\sqrt{5}+1}{2}$을 얻는다.

이를 종합하면 다음 정리를 얻는다.

(쿠푸왕의 대피라미드 구조정리) 이차방정식 $x^2 - x - 1 = 0$의 양의 근을 ϕ라 하고 그 역수를 κ라 하자. 즉, $\phi^2 - \phi - 1 = 0$, $\phi^{-1} = \kappa$. 이때, 다음은 동치관계(equivalence relation)이다.

(1) $h = \frac{d}{\sqrt{\kappa}}$

(2) $\frac{l}{d} = \phi$

(3) $h^2 = dl$

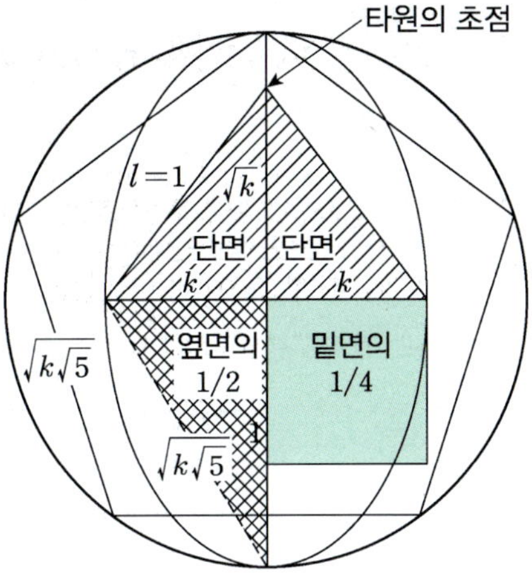

그림 1.9 비어드의 해석

$\frac{l}{d} = \phi$ 이므로 편의상 **그림 1.2**에서 $l = 1$로 놓으면 밑면의 모서리의 길이의 절반은 황금비인 ϕ 의 역수가 된다. 즉, $\kappa = \frac{1}{\phi}$ 이다. 이때 피라미드의 단면에서 높이는 $\sqrt{1-\kappa^2} = \sqrt{\kappa}$ 이다(**그림 1.9**).

C. 비어드(1968)는 계속하여 쿠푸왕의 대피라미드 구조에서 기존 원주율 π 의 존재 외에도 새롭게 정오각형과 타원의 존재도 제시하였다.

네 점 $(\pm\kappa, 0)$, $(0, \pm 1)$을 지나는 타원 $\frac{x^2}{\kappa^2} + \frac{y^2}{1^2} = 1$의 초점 $(0, \pm\sqrt{1-\kappa^2}) = (0, \pm\sqrt{\kappa})$은 피라미드의 높이를 나타낸다(**그림 1.9**).

비어드는 면의 절반을 나타내는 삼각형의 빗변은 주어진 원에 내접하는 정오각형의 한 변의 길이임을 보였다. 즉, $\sqrt{1+\kappa^2}$ 은 단위원에 내접하는 정오각형의 한 변의 길이다. 정오각형 한 변 c, 이에 해당하는 각은 $\frac{2\pi}{5}$ 이고 세 변 $(c, 1, 1)$과 원의 중심으로 만들어지는 삼각형에 알카시 정리(코사인정리)를 적용하면

$$c^2 = 1 + 1 - 2\cos\left(\frac{2\pi}{5}\right) = 1 + (1-\kappa) = 1 + \kappa^2$$

이기 때문이다.

C. 비어드(1968)는 이에 대하여 다음과 같이 주장한다.

> 어떤 실용 기하학의 거장들에게 위에서 언급한 수학적 관계는 확실히 흥미를 끌었을 것이다.

제 2 절 동적 조화

1. 동적 조화의 정의

현대 수학을 이용한 디자인에서 사용되고 있는 용어 '동적 조화(dynamic symmetry)'는 플라톤의 대화록 《티마이오스》에 언급된 제곱근에서 유래한다. 기원전 5세기에 고대 그리스인들은 동일한 단위 길이로 잴 수 있는 수와 그렇지 않은 수를 구분하였다. 동일한 단위 길이로 잴 수 있다는 말은 단위 길이의 비로 나타낼 수 있다는 뜻으로 통약가능한 수(commensurable number), 즉 유리수를 말한다. 그들은 유리수가 아닌 수, 즉 통약불가능한 수(incommensurable number) 중에 거듭제곱에 의하여 비가 유리수가 되는 경우가 있음에 주목하였다. 이런 경우를 '거듭제곱에 의하여 통약가능한 수'로 정의했다. 햄비지(J. Hambidge)는 이것을 '동적 조화'라고 불렀다.

햄비지에 의하면 동적 조화는 "디자인 구성(design composition)에서 넓이 사이의 관계를 설정하는 방법"이다. 햄비지는 동적 조화의 근원을 고대 이집트에 두며, 기원전 6, 7세기에 고대 그리스로 전래된 것으로 본다. 이는 헤로도토스가 《역사》에서 기하학의 근원을 이집트로 언급한 것과 같은 맥락이다(0장 1절 15쪽 참고).

고대 이집트에서는 기원전 2,000년 이전에 르멘, 더블 르멘이라는 길이 단위를 도입하여 사용하였다. 더블 르멘은 길이가 1큐빗인 단위 정사각형의 넓이의 두 배인

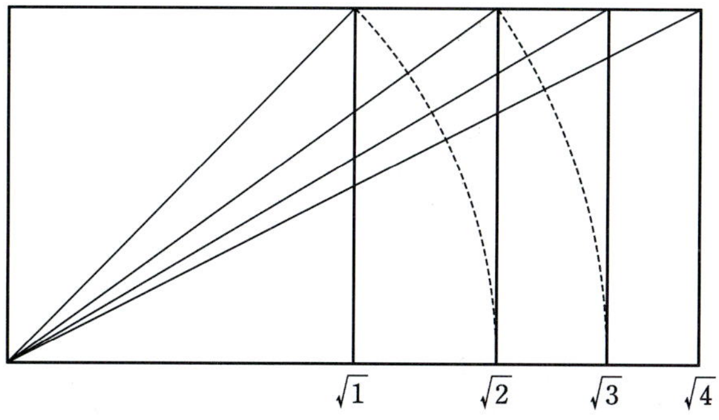

그림 1.10 $\sqrt{n}$ – 사각형

정사각형의 길이 $\sqrt{2}$ 큐빗을 말한다. 이 길이의 절반 $\sqrt{2}/2$큐빗을 르멘이라고 하였다. 이와 같은 단위가 도입된 것은 주어진 땅의 넓이를 두 배나 또는 반 배로 하기 위한 것으로 추측된다. 더블 르멘과 르멘을 햄비지의 동적 조화로 나타내면 다음과 같다.

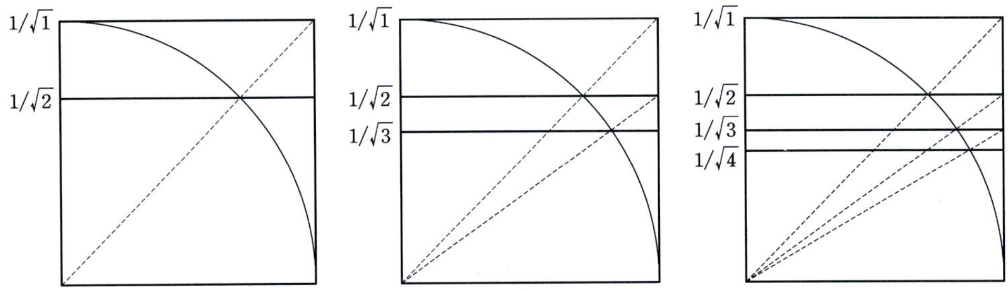

그림 1.11 $1/\sqrt{n}$-사각형

기자의 피라미드 단지에는 동적 조화가 있다. 레곤(J. Regon)에 의하면 기자의 피라미드 세 개의 밑면을 품는 최소의 사각형의 크기는 $1000\sqrt{2}$ 큐빗×$1000\sqrt{3}$ 큐빗이다. 이 사각형의 비율은 $\sqrt{2}/\sqrt{3}$ 이고 이에 거듭제곱에 의한 비율은 유리수 2/3 이므로 동적 조화를 이룬다.

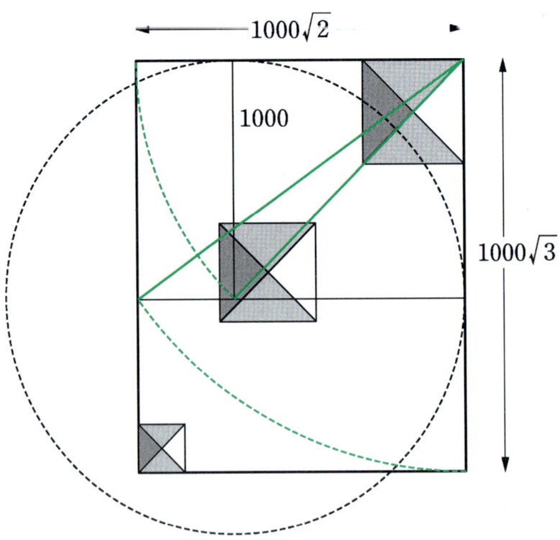

그림 1.12 기자의 피라미드 단지 평면도

고대 이집트의 르멘과 더블 르멘의 개념이 고대 그리스에 전이된 증거는 플라톤의 대화록 《메논》에서 소크라테스와 소년의 대화로 구성된 '배적 문제'에서 찾을 수 있다. 이와 관련된 고바빌로니아(2000~1600 BCE)의 수학은 점토판 YBC 7289, BM 15285 등에서 찾을 수 있다. 칼핀스키(L. Karpinski)는 플라톤 시대나 그 후 수 세기 동안에도 이집트인들이 측량사로서 명성을 얻고 있었다는 주장을 펴고 있다.

햄비지가 《파르테논과 그리스 사원들, The Parthenon and Other Greek Temples》에서 사용한 $\sqrt{5}$-사각형류는 $a+b\sqrt{5}$(여기서 a, b는 유리수)의 크기를 갖는 직사각형으로 다음 6가지이다(**그림 1.13**). 그는 이를 거듭 사용하여 디자인 구성을 수치로 설명한다. 황금비 또는 황금비의 역수가 드러나는 것은 **그림 1.13** (b), (c)이다.

그림 1.13 (a)는 **그림 1.10**에서 작도된 $1\times\sqrt{5}$ 사각형으로 비율은 2.236이고 그 역수는 (d) 0.447이다. (b)는 황금비로 부르는 1.618이며 (c)는 (b)의 $(1+\sqrt{5})/2$와 그의 역수$(-1+\sqrt{5})/2$를 합한 것이다. (d)는 $1+1/\sqrt{5}$를 구현한 것이고 (e)는 $(-1+\sqrt{5})/2$-사각형과 (b)의 절반인 $(1+\sqrt{5})/2$-사각형의 반을 적용한 것이다. (f)는 2개의 단위 사각형을 바탕으로 (a)를 구현한 것이다.

쿠푸왕의 대피라미드는 **그림 1.13** (c)에 해당되며 **그림 1.13** (b)에 관한 현존하는 최초의 기록은 기원전 300년 유클리드의 《원론》(2권, 명제 11)이다.

디자인 구성을 위하여 유클리드의 《원론》 2권, 명제 11을 사각형으로 옮겨 알아보자. 한 변의 길이가 1인 정사각형 ABCD에서 M을 선분 AB의 중점이라 하면

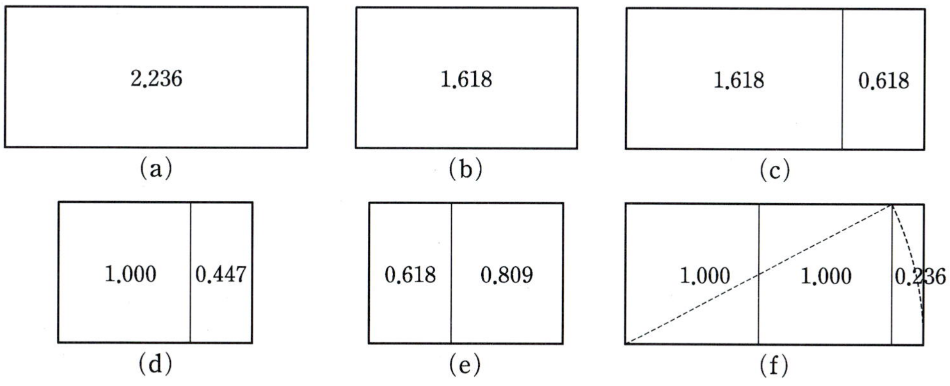

그림 1.13 햄비지의 6가지 $\sqrt{5}$-사각형류

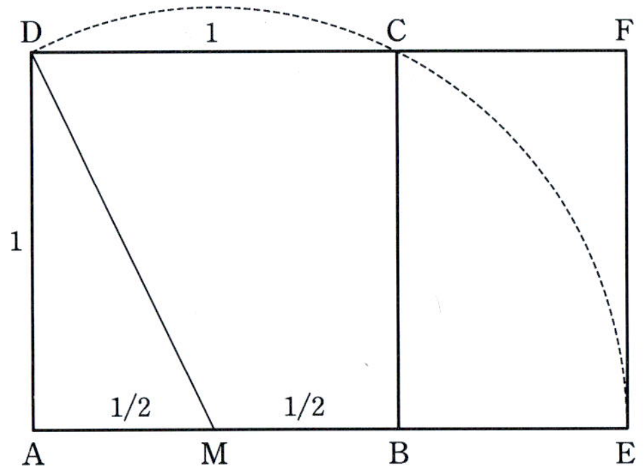

그림 1.14 유클리드 《원론》 2권, 명제 11

그림 1.14처럼 $\mathrm{MD} = \mathrm{ME}$인 직사각형 AEFD를 얻고 이로부터 $\dfrac{\mathrm{AE}}{\mathrm{AB}} = \dfrac{\mathrm{AB}}{\mathrm{BE}}$, $\mathrm{AE} = \dfrac{1+\sqrt{5}}{2}$, $\mathrm{BE} = \dfrac{-1+\sqrt{5}}{2}$가 성립한다.

우리는 그림 1.14를 '유클리드 사각형(Euclidean rectangle)'이라 부른다. 우리는 소위 황금사각형 또는 황금비 등을 사용하면서 이를 아름다운 비율로 말하곤 한다. 정말 유클리드 사각형을 다른 사각형에 비하여 아름다운 사각형일까? 지나가는 사람들에게 다음 12개의 사각형을 대상으로 투표를 부탁한다면 아마도 다른 결과를 얻을 것이다.

그림 1.15 여러 가지 사각형

2. 쿠푸왕의 대피라미드의 동적 조화를 이용한 해석

유클리드는 $\frac{1+\sqrt{5}}{2} \fallingdotseq 1.618$을 'the Extreme and Mean Ratio'로 불렀다. 그 이유는 **그림 1.14**에서 1보다 크고 2보다 작은 선분 AE에 대하여 세 개의 선분 AE, AB, BE를 크기순으로 나열하면 알 수 있다. 세 개의 선분 중 큰 것 AE, AB의 비율과 작은 것 AB, BE의 비율이 같을 수 있을까? 즉, AE : AB = AB : BE인 점 B가 존재할까? 이때 선분 BE의 길이는 얼마일까? 선분 AE의 길이는 얼마일까? 유클리드의 표현은 이와 같은 비율이 성립하는 분할이 가능한가의 문제이다. 계산상으로 보면 '내항과 외항'이다. 흔히 번역하는 '극대(extreme)와 극대가 아닌(mean) 비'는 의미 전달에 어려움이 있어 여기에서는 간단히 'EMR'로 부르기로 하자. 이에 대한 참고문헌으로 헤르츠 피슐러(Herz-Fischler 1987)의 저서를 독자들에게 추천한다.

유클리드가 사용한 용어 EMR은 여러 학자, 예를 들면, 아부 카밀(Abu Kamil, 850~930), 알 비루니(Al-Biruni, 973~1050), 크레모나의 제럴드(Gerard of Cremona, 12세기) 피보나치(Fibonacci, 1220), 잠베르티(Zamberti, 1516), 그리네우스(Gryaneus, 1533), 클라비우스(Clavius, 1579)로부터 "전체(AE)를 큰 것(AB)으로 나누고, 큰 것(AB)을 작은 것(BE)으로 나눈다(middle and two ends)"로 번역되어 왔다.

이제 BE$=x$라고 하여 방정식으로 나타내면 다음과 같다.

$$\frac{1+x}{1} = \frac{1}{x}$$

큰 것끼리의 비 ← → 작은 것끼리의 비

위 식을 정리하면 $x^2+x-1=0$이고 $\mathrm{AE}=1+\frac{\sqrt{5}-1}{2}=\frac{\sqrt{5}+1}{2}$에서 $\frac{\sqrt{5}+1}{2}:1$인 직사각형을 얻는다.

쿠푸왕의 대피라미드를 동적 조화로 살펴보자. '쿠푸왕의 대피라미드 구조정리'에 의하여 비율 l/d는 방정식 $x^2-x-1=0$을 만족하고 $l/d=(1+\sqrt{5})/2$이다. $l=1$이라고 하면 $d=(-1+\sqrt{5})/2 \fallingdotseq 0.618$이다. 이를 바탕으로 쿠푸왕의 대피라미드의 디자인 구성을 제시하면 **그림 1.16**과 같다(박제남 2014). 여기서 $AE = 1.618$, $EB' = 0.618$로 사각형 $AB'C'D$는 햄비지의 **그림 1.13**(c)이다. 특히, 사각형 AEFD는 유클리드 사각형이다.

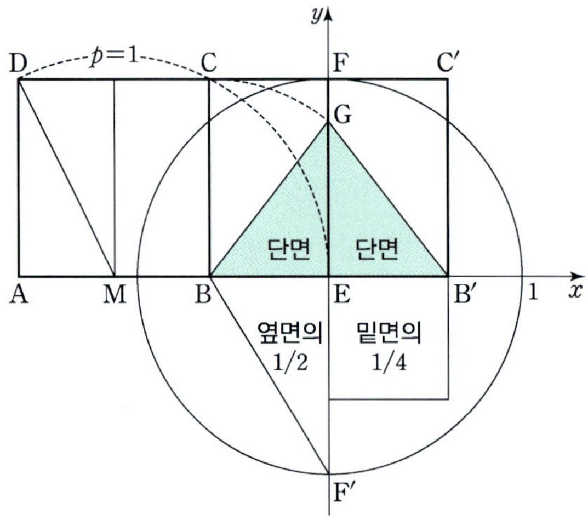

그림 1.16 쿠푸왕의 대피라미드 디자인(1): 동적 조화 해석

비어드(1968)가 제시한 내용을 동적 조화로 알아보자. 그는 이차식인 타원과 원(원의 정사각형화, 내접하는 정오각형, 원주율 등)으로 보다 풍부하게 접근하였다(**그림 1.9**).

다음 그림에서 $BF' = \sqrt{1+d^2}$은 단위원에 내접하는 정오각형의 한 변의 길이임을 **그림 1.9**에서 알아보았다. 타원과 정오각형을 분리하여 알아보자.

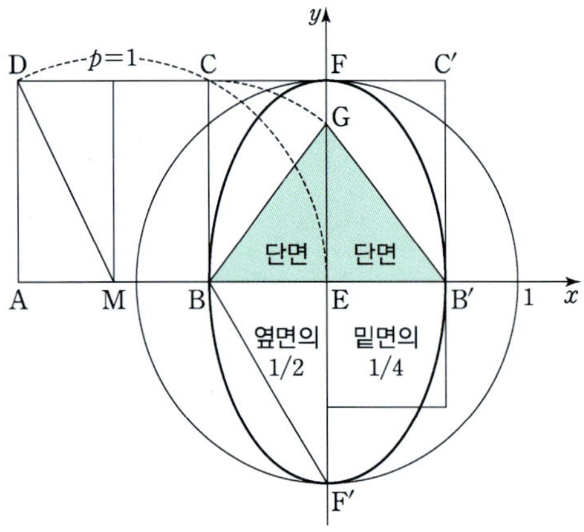

그림 1.17 대피라미드, 타원, 초점

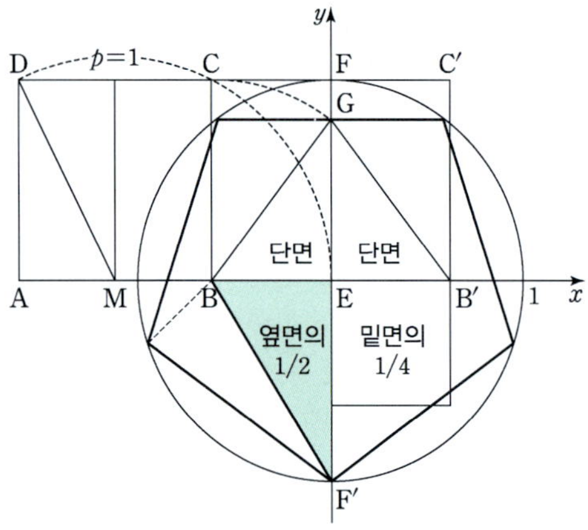

그림 1.18 대피라미드, 정오각형

그림 1.16에서 쿠푸왕의 대피라미드 디자인에 사용된 유클리드 사각형으로 현대 사회에서 사용되고 있는 신용카드의 디자인 구성을 설명할 수 있다.

종이 위에 신용카드를 대고 본을 뜬 후, 세로를 한 변으로 하는 정사각형을 그려 보자. 정사각형을 세로로 이등분하여 대각선을 반지름으로 하는 원을 그리면 유클리드 사각형이 완성된다(그림 1.19). 신용카드의 사각형은 정사각형에서 확장된 것으로 비율이 EMR이며 동적 조화로 설명 가능하다.

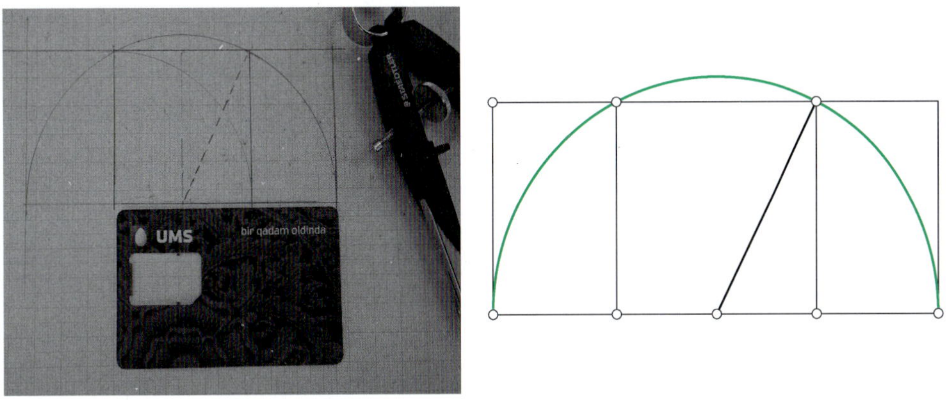

그림 1.19 신용카드 디자인

제 3 절 합리적 논의

1. 정사각형화

이집트 수학의 근본 개념 중 하나는 이차원, 삼차원에서 면/곡면 모양의 도형을 평면으로 둘러싸인 도형으로 변형시키는 '정사각형화(quadrature)'이다. 평면에서 말하면 다각형과 원을 정사각형으로 바꾸어 길이나 넓이를 계산하는 과정을 말한다. 앞에서 동적 조화로 해석한 쿠푸왕의 대피라미드를 여기에서는 정사각형화로 재해석해 보자.

크기가 $d \times 1$ 인 직사각형을 대각선으로 분할하여 이등변삼각형을 작도한다. 밑변은 $2d$ 이고 높이는 1 이 된다(그림 1.20). "고대 이집트인이 직사각형 또는 이등변삼각형을 정사각형화 할 수 있었다"라고 가설을 세우면 이것으로부터 만들어진 한 변의 길이가 $\sqrt{d}$ 인 정사각형이 만들어진다.

직사각형의 정사각형화 가설 (박제남, 남호영 2022)
고대 이집트인은 직사각형 또는 이등변삼각형을 정사각형화할 수 있었다.

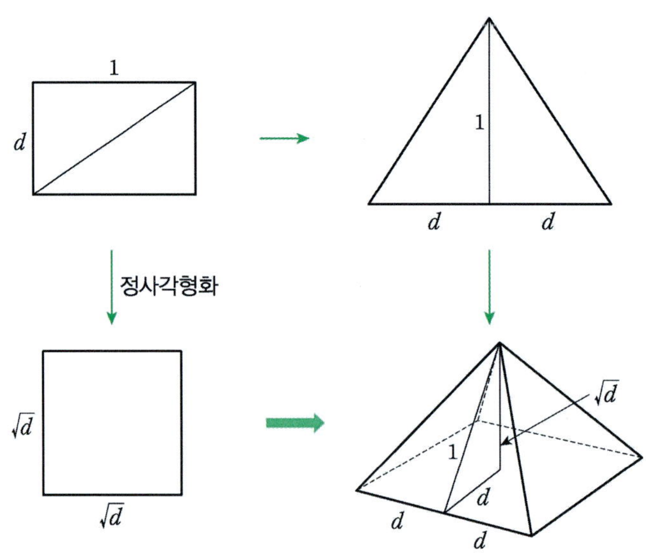

그림 1.20 쿠푸왕의 대피라미드 디자인(2): 정사각형화

이제 고대 이집트인들이 정사각형화에서 만들어진 한 변의 길이 $\sqrt{d}$ 가 피라미드의 높이가 되는 그런 독특한 피라미드 건축에 관심이 있었다고 추정하자. 이와 같은 추정하에 피라미드의 직각삼각형에서 다음 식을 얻는다.

$$d^2 + d = 1$$

따라서 $d = \dfrac{\sqrt{5}-1}{2}$ 이고 $\dfrac{1}{d} = \dfrac{\sqrt{5}+1}{2}$ 이다.

우리가 추정한 **그림 1.16**의 동적 조화의 방법은 유클리드의 《원론》 2권, 명제 11을 사용한 것이다. 고대 이집트인이 다각형을 작도를 통하여 정사각형화 했다는 기록이 발견된 적은 없지만, 유클리드의 《원론》 2권, 명제 14를 사용하여 쿠푸왕의 대피라미드를 어떻게 디자인했는지 추정해 보자.

직사각형 $\kappa \times 1$ (**그림 1.21**)을 정사각형화 하기 위하여 지름을 $1+\kappa$로 한 원의 중심을 O 라 하자. 유클리드 작도에서 만들어지는 정사각형은 O′에 의하여 결정된다(《원론》 2권, 명제 14). 이제 O′을 중심으로 반지름이 1인 원을 그리자. 피라미드의 단면과 평면이 작도된다(박제남, 남호영 2022).

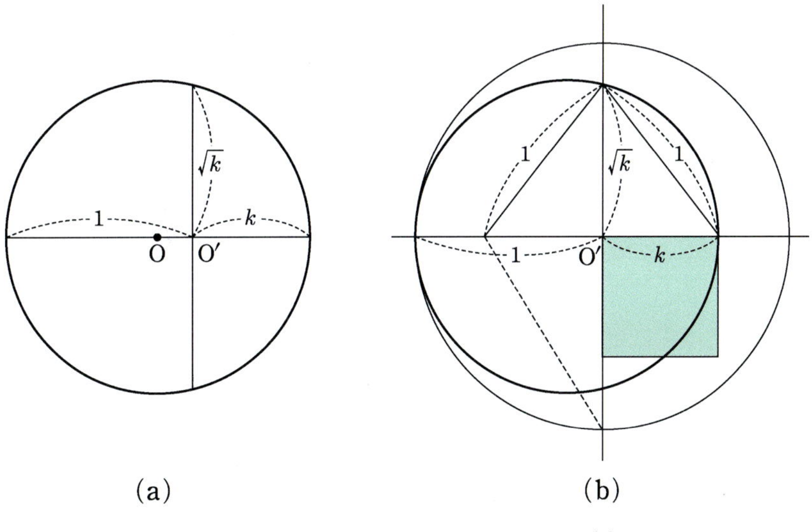

그림 1.21 쿠푸왕의 대피라미드 디자인(3)

2. 쿠푸왕의 대피라미드의 일반화

피라미드 옆면의 넓이는 피라미드 높이의 제곱과 같다는 테일러의 주장은 피라미드학에서 널리 사용되고 있다. 앞에서는 이 주장을 쿠푸왕의 대피라미드를 동적 조화와 정사각형화로 해석하였다. 이때 나타나는 방정식은 $x^2-x-1=0$ 이다.

이제 테일러의 가설을 일반화하려고 한다. 테일러의 주장에서 "피라미드의 높이의 제곱이 피라미드 옆면의 넓이와 같다를 옆면의 넓이의 p배이다"로 일반화해 보자. 즉, $p \geq 1$인 유리수에 대하여

$$p\times(\text{피라미드 옆면의 넓이})=(\text{피라미드 높이})^2$$

를 만족하는 피라미드를 일반화된 대피라미드라 한다(박제남 2014).

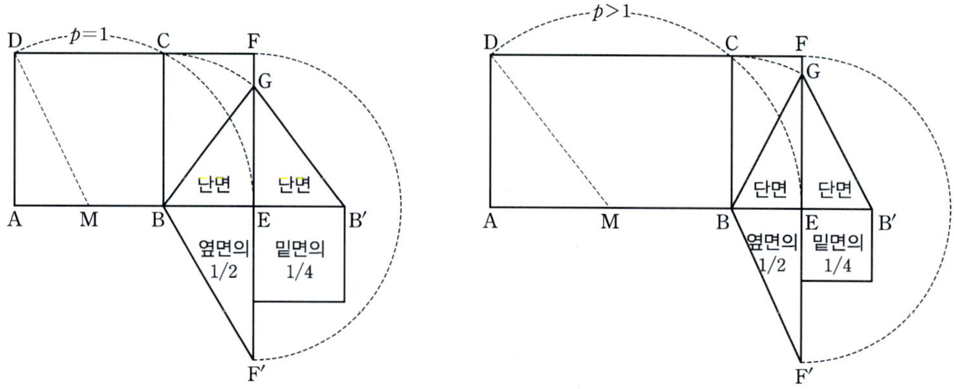

그림 1.22 쿠푸왕의 대피라미드의 일반화

이때, $1=\mathrm{BC}=\mathrm{BG}$인 점을 잡고 **그림 1.2**에서 사용한 문자 d, l, h를 해당 길이로 하여 다시 사용하면, 식 $l^2=h^2+d^2$과 식 $p(dl)=h^2$을 얻고, 이로부터 비율 $\mathrm{BG}/\mathrm{BE}=1/\mathrm{BE}=1/d$은 방정식 $x^2-px-1=0$을 만족한다. 이차방정식 입장에서 말하면 쿠푸왕의 대피라미드는 $x^2-x-1=0$이 $x^2-px-1=0$ (여기서 $p\geq 1$인 유리수)로 일반화될 수 있다.

$\mathrm{AE}=\mathrm{AM}+\mathrm{MD}=\dfrac{p+\sqrt{p^2+4}}{2}$로 방정식 $x^2-px-1=0$의 근이고 AE와 EB'은 역수 관계이다. 즉,

$$\mathrm{AB}=\frac{p+\sqrt{p^2+4}}{2},\ \mathrm{EB}'=\frac{-p+\sqrt{p^2+4}}{2}$$

$x^2-x-1=0$의 양의 근을 ϕ, 그 역수를 κ로 나타내고 일반화된 방정식 $x^2-px-1=0\,(p\ge 1$인 유리수)의 양의 근을 ϕ_p, 그 역수를 κ_p로 나타내자. 정의에 의하여 $\phi_1=\phi$, $\kappa_1=\kappa$이고 **그림 1.22**에서 $\mathrm{AE}=\phi_p$, $\mathrm{BE}=\kappa_p$이다. 네 점 $\mathrm{F}(0,1)$, $\mathrm{F}'(0,-1)$, $\mathrm{B}(-\kappa_p,0)$, $\mathrm{B}'(\kappa_p,0)$을 지나는 타원의 식은 $\frac{x^2}{\kappa_p^2}+\frac{y^2}{1^2}=1$이고 타원의 한 초점 $(0,f)$에서 $f=\sqrt{1-\kappa_p^2}$이므로 초점은 일반화된 피라미드의 높이 EG에 해당된다.

뉴턴의 원뿔대와 일반화된 피라미드의 크기를 결정짓기 위하여 도입된 이차방정식 $x^2-px-1=0$은 대수적 입장에서 점화식 $x_n=x_{n-1}+x_{n-2}\ (x_0=x_1=1)$의 일반화 $x_n=px_{n-1}+x_{n-2}\ (x_0=x_1=1)$와 관계가 있다. 일반항은 특성화 방정식(characteristic equation) $x^2-px-1=0$[1]에 의하여 ϕ_p와 κ_p의 선형멱결합 $x_n=c_1\phi_p^n+c_2(-\kappa_p)^n$이다. 여기서

$$c_1=(2-p+\sqrt{p^2+4})/(2\sqrt{p^2+4})$$

$$c_2=(p-2+\sqrt{p^2+4})/(2\sqrt{p^2+4}).$$

이미 언급한, 우르카프(Userkaf, 고왕국 제5왕조, 재위 기간: 2494~2486 BCE)의 피라미드 실측과 정확히 일치하는《아메스 파피루스》문제 57번 "피라미드의 기울기가 1큐빗당 5팜 1핑거이고 밑면의 길이가 140큐빗일 때, 피라미드의 높이를 구하여라"를 다음과 같이 동적 조화로 해석할 수 있다.

$(3,4,5)$ 직각삼각형에서 (피라미드 옆면의 넓이)=15이고 (높이)$^2=16$이다. 따라서 $p=\frac{16}{15}$이다. 물론 $x^2-\frac{16}{15}x-1=0$에서 $\mathrm{BE}=\frac{-16/15+\sqrt{(16/15)^2+4}}{2}=\frac{3}{5}$.

1 $x_n=r^n$으로 보면 $r^n=pr^{n-1}+r^{n-2}$이다. $r^{n-2}(r^2-pr-1)=0$이고 $r\ne 0$이므로 방정식 $x^2-px-1=0$을 얻는다.

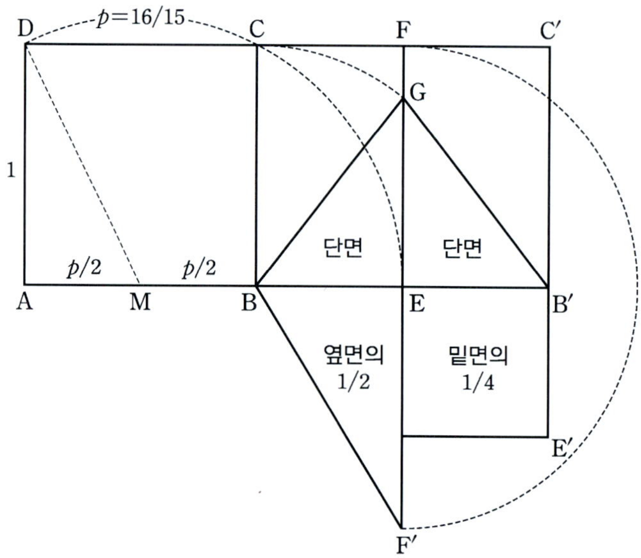

그림 1.23 《아메스 파피루스》 57번의 동적 조화

3. 뉴턴의 원뿔대

뉴턴은 그의 저서 《프린키피아》에서 공기가 희박한 곳에서 등속도 운동을 할 때, 구나 원기둥에 대한 비교 저항을 언급을 한 후 이어서 저항을 최소로 하는 원뿔대의 모양을 기하적으로만 제시한다(Newton 1999, 729~730).

원뿔대의 큰 원의 지름(중심: O)을 BC로 하고 작은 원(중심 D)의 지름을 FG, 그리고 원뿔대를 연장했을 때, 꼭짓점을 S라 하자. 원뿔대가 $\overrightarrow{OS}$ 방향으로 진행할 때, OD의 중점 Q와 C를 연결한 길이가 QS와 같으면 저항이 최소가 된다.

먼저, $OC=OD=r$를 가정하여 이야기를 전개해 보자(**그림 1.24**). 이때, $\tan\theta = \frac{1+\sqrt{5}}{2}$를 증명해 보자(여기서 $\theta = \angle SBO$이고 $\tan\theta = \phi$로 쓰자). $OQ = \frac{r}{2}$이고

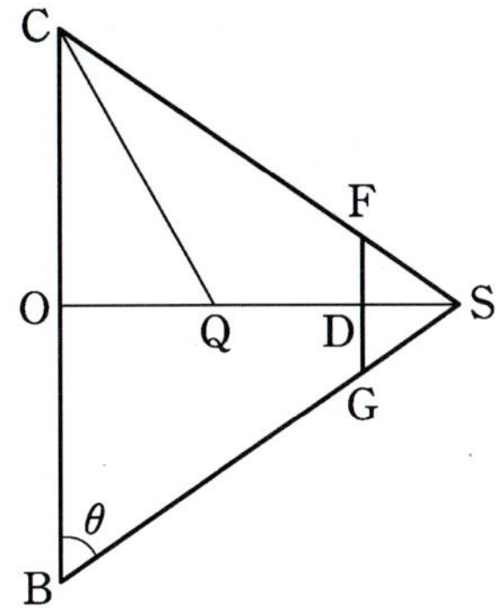

그림 1.24 사령선의 단면

$$QS = QC = \sqrt{r^2 + \frac{r^2}{4}} = \frac{\sqrt{5}}{2} r$$

따라서

$$OS = OQ + QS = \frac{r}{2} + \frac{\sqrt{5}}{2} r = \frac{1+\sqrt{5}}{2} r = \phi r$$

그러므로

$$\tan\theta = \frac{OS}{r} = \frac{1+\sqrt{5}}{2} = \phi$$

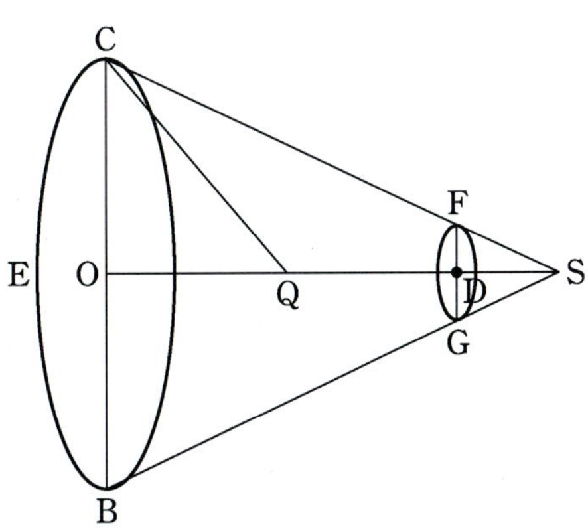

그림 1.25 뉴턴의 원뿔대

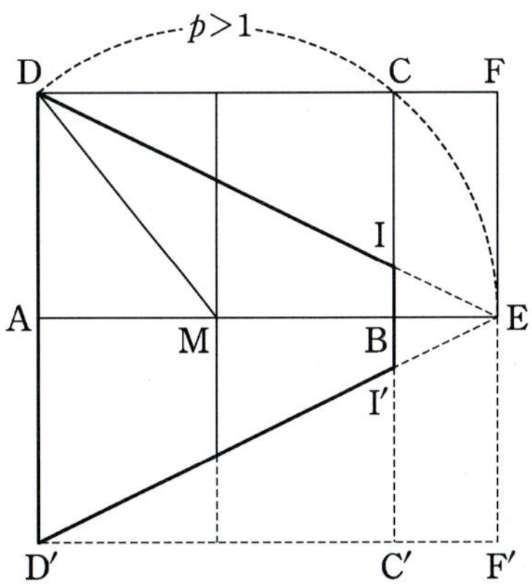

그림 1.26 뉴턴의 원뿔대의 동적 조화

밑면의 지름이 DD′(여기서 이 값을 2로 설정하고 나머지는 이에 대한 비율을 따른다)이고 높이가 AB($= p \geq 1$)일 때, 공기가 희박한 곳에서 x축과 평행한 방향으로 등속도 운동을 할 때, 저항이 최소가 되는 원뿔대를 결정하는 방법은 AB(> 1)의 중점 M에서 DM = ME인 점 E를 찾는 데 있다. 따라서 우리가 원하는 원뿔대는 DGG′D′이다. 이를 뉴턴의 원뿔대(Newton's frustum)라 부른다.

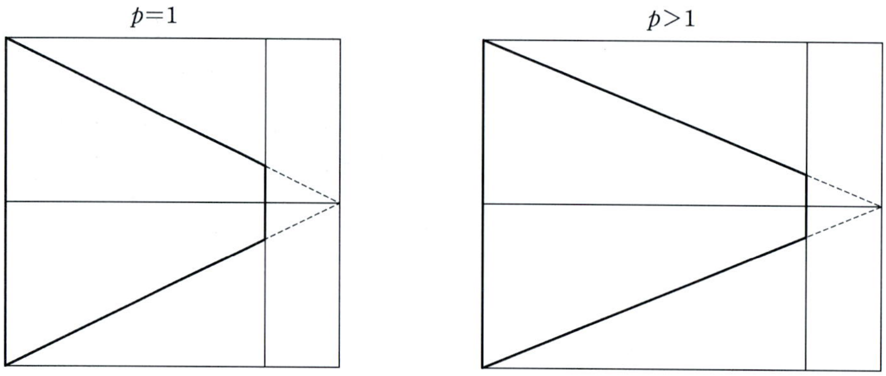

그림 1.27 뉴턴의 여러 원뿔대

역학적인 증명은 Cruz-Sampedro and Tetlalmatzi-Montiel(2010)에서 찾을 수 있다.

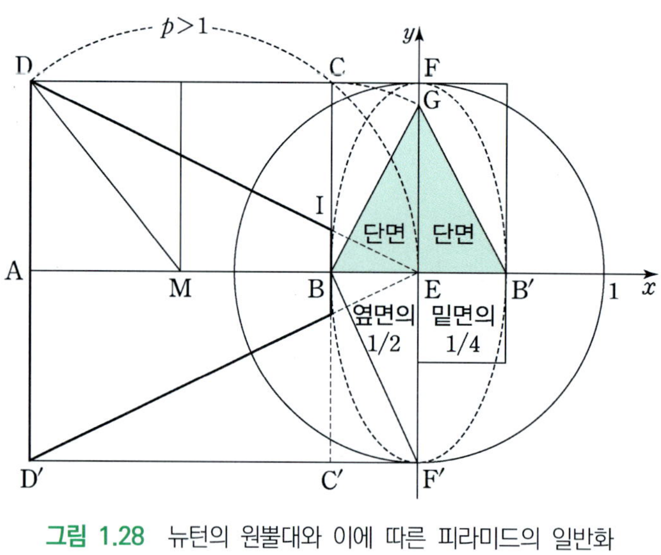

그림 1.28 뉴턴의 원뿔대와 이에 따른 피라미드의 일반화

예를 들어, 아폴로 11호 사령선 콜롬비아의 크기는 지름이 391.2cm이고 높이가 322.6cm이므로 $p = (2 \times 322.6)/391.2 = 1.649$이다. 따라서 $p = 1.649$와 동적 조화로 사령선의 항공역학적 구조가 결정된다. 즉, 동적 조화 입장에서 쿠푸왕의 대피라미드는 $p = 1$이며 아폴로 11호 사령선은 $p = 1.649$로 수치화할 수 있다

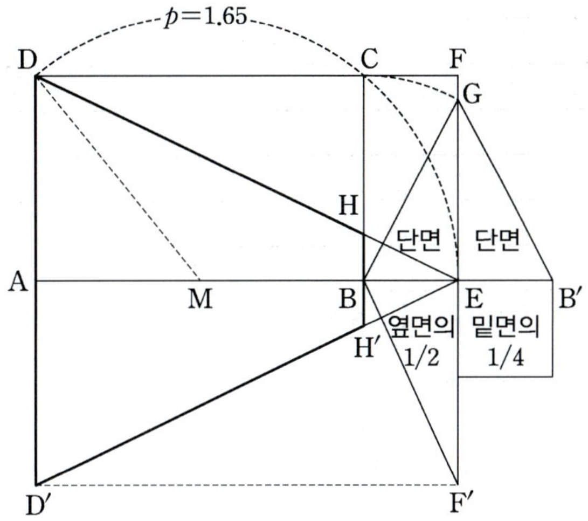

그림 1.29 아폴로 사령선과 일반화된 피라미드

4. I.M. 페이의 유리 피라미드

다원주의 건축이 도입되면서 파리는 상트르 퐁피두(1971~1977)와 같이 근대 건축을 가장 급진적으로 재고한 예를 받아들였다. 넷겐스가 지적한 대로 시드니 오페라 하우스 이후 새롭고 활기찬 전망을 가장 잘 보여주는 예로 평가받는 페이(I. M. Pei)의 유리 피라미드는 1989년 많은 사람에 의하여 유리와 금속으로 만들어진 구조물이 16세기 바로크 양식 건축의 보석을 망칠 것으로 우려되기도 하였으나 34년이 지난 후, 유리 피라미드는 파리에서 사진 배경으로 가장 많이 사랑받고 있는 기념물 중 하나이고 파리의 근대성과 대담함의 상징으로 여겨지고 있다(Nettgeens 2003). 유리 피라미드의 설치와 함께 루브르 박물관은 현대적 아름다움과 지하에 넓은 문화공간을 확보하게 된다(**그림 1.30**).

"피라미드에 그 존재와 의미를 부여하는 것은 프랑스의 역사인, 루브르의 맥락과

그림 1.30 루브르 박물관 역피라미드와 문화공간

역사이다"라는 조디디오(Jodidio 2009)의 견해에 따라 페이의 유리 피라미드 건축을 바로크 형식의 기존 루브르 박물관과 대비되는 대립적 조화를 통한 역사적 공존의 연결로 해석하는 것이 올바르다고 본다. 실제로 루브르 박물관 개축을 지시했던 미테랑은 루브르 박물관 개축의 첫째 조건을 역사 존중이라고 보았으며 이에 따라 페이 또한 이러한 역사적 상징성을 가장 중요하게 생각했기 때문이다.

그렇다면 페이가 유리 피라미드 건축을 통해 나타내고자 했던 이집트와 프랑스 간 역사란 무엇인가? 이에 대한 내용은 5만 명의 군대 외에 167명의 학자들과 예술가들을 동반한 나폴레옹의 이집트 원정(1798~1801)을 통해 이해할 수 있다고 본다. 이를 위해 먼저 프랑스 지식인들의 문명 전파론에 기반한 이집트에 대한 주장을 살펴보자.

18세기 초 프랑스 학계의 고대사 연구를 주도한 장 테라송 신부는 소설 《세토스, 1731》에서 그리스에 대한 이집트의 우월성을 역설하고 그리스의 정치학, 천문학, 수학을 창시한 사람들이 모두 이집트에서 수학했음을 보여주며 그리스 신화는 이집트에서 전래된 것으로 주장한다. 샤를 푸랑수아 뒤퓌는 《모든 제례의 기원, 1795》에서 모든 신화와 종교의 근원은 이집트에 있다는 주장을 편다. 1830년대까지 그리스 역사에 대한 표준서인 《그리스사, 1784》의 저자 미드퍼트는 그리스는 이집트의 식민지였다는 '고대 모델'의 견해를 옹호한다.

이집트 식민화 계획은 1770년대에 수립된 것으로 동방에 대한 유럽의 태도가 전환되는 하나의 기점이다. 샤를-루(Charles-Roux)는 이집트 원정의 의미를 다음과 같이 기술한다.

> 중요한 정치·경제적 이유로 원정이 이루어진 것이기는 하지만, 로마가 파괴한 '문명의 요람'을 재간하는 프랑스라는 자부심과 이집트의 비전을 이해하려는 욕구 또한 중요한 동기를 제공했음에 틀림없다.

원정 중에 이집트 학사원이 1798년 8월 22일에 창설되고, 이집트 원정에 참가했던 학자와 예술가들은 자신들의 연구를 집대성하여 《이집트지》를 통하여 1810년부터 1826년 사이에 연차적으로 126개의 논문을 출간하였고, '이집트학'이라는 새로운 학문 분야가 열린다. 그러나 1860년 이후 인종주의는 이집트인을 폄하하고 고대 모델을 몰아내는 데 중요한 요소가 된다.

카이로 박물관의 창설, 수에즈 운하의 건설을 위한 예비연구, 샹폴리옹의 상형문자 해독 등 프랑스 학자들의 지속적인 노력을 기억하는 프랑스인들은 이집트에 대한 생각은 나폴레옹 광장의 피라미드 설치에 우호적으로 작용한 것으로 보인다.

프랑스 전 문화부 장관이자 루브르 박물관 창립자인 미셸 가이는 "새롭게 개축한 루브르 박물관을 통해 대중과 예술작품이 만날 수 있게 되었다"고 말했다. 즉, 대중이 루브르 박물관의 예술작품과 만나는 데에 이집트와 프랑스 간 역사를 드러내고자 했던 페이의 유리 피라미드가 어느 정도 그 역할을 수행했다는 것이다.

5. JR의 설치예술

사영기하학을 바탕으로 하여 건축디자인을 비주얼디자인으로 치환한 설치예술가 JR의 작품 '피라미드 잠시 감추기'가 2016년 5월 25일부터 6월 27일까지 나폴레옹 광장에 있는 페이의 유리 피라미드 한 면에 설치되었다(그림 1.31). JR은 월 스트리트 저널과의 인터뷰에서 이 작품으로 인해 "피라미드가 설계되고 건축될 때인 1980년대 프랑스 사회를 분열시킨 모더니즘에 대한 논쟁이 재점화되기를 희망한다"고 말했다(Landauro 2016). 페이의 유리 피라미드 건축 30주년 기념으로 그는 작품

그림 1.31 예술가 JR의 설치예술(피라미드 잠시 감추기)

'대피라미드의 비밀'을 2019년 3월 30~31일 이틀간 전시했다.

1962년에 나세르(Nasser)는 1798년의 원정을 "이집트와 아랍 문명으로부터 빌려온 과학을 유럽 문명이 완성시킨 후, 현대 과학의 제 양상을 다시 이집트로 가져다주었다"라고 평가하였다. 이와 같은 나세르의 주장은 1980년대에 버낼이 현대 유럽 문화의 뿌리를 고대 그리스로 한정하는 것이 아닌 고대 이집트, 레반트 메소포타미아, 즉, 아시아 · 아프리카의 가치를 고대 그리스 문명의 뿌리로 주장하는 (수정)고대 모델 사관으로 바라볼 수 있다. 따라서 예술가 JR의 작품 "잠시 피라미드 감추기"는 모더니즘의 논쟁의 재점화와 함께 이집트 문명을 통하여 유럽 문명을 바라보는 계기가 된다고 본다. 1860년 이후 이집트를 폄하하고 고대 모델을 몰아내는 데 중요한 역할을 한 인종주의에 반대하는 의미도 JR의 작품에 부여할 수 있다고 우리 필자들은 판단한다.

"예술은 그 전통적 가치에 끊임없이 도전하고 있다"는 손택의 말을 우리는 JR의 작품을 통해 확인할 수 있다.

그림 1.32 예술가 JR의 설치예술(대피라미드의 비밀)

2장

대각선 규칙

(2000~1600 BCE)

사고의 수학적 양상

2장에서는 청동기 시대 직각삼각형의 대각선 성질을 다룬다. 본 주제와 관련된 청동기 시대 인간이 경험한 사고의 수학적 양상은 모델링, 논리적 해석, 추론 등을 들 수 있다.

교육분야	용어	해당 카테고리
미국 수학교육	사고의 수학적 양상	모델링, 논리적 해석, 추론
IB DP 수학교육	12 개념	모델링, 근삿값, 일반화, 타당성
CT 교육	분류	추상화, 알고리즘적 사고, 데이터 해석과 시각화

국제적 소양

탈레스나 피타고라스가 수학의 기원을 연 인물로 알려지게 된 것에 대한 비판은 이미 0장 1절 수학의 기원에서 소개하였다. 이 장에서는 피타고라스의 정리라고 부르는 것이 그 이전 시대인 고바빌로니아와 고대 이집트에서 다루어졌음을 살펴보고자 한다.

고바빌로니아의 점토판 플림톤 322에는 15개의 직각삼각형의 세 변의 길이가 기록되어 있다. 여기에는 매우 큰 수도 포함되어 있어 그들이 직각삼각형에서 세 변의 길이 사이의 관계를 알고 있었다고 또는 직사각형에서 두 변과 대각선의 길이 사이의 관계를 알고 있었다고 추측할 수밖에 없다. 이런 관점에서 피타고라스의 정리라는 말보다는 '직각삼각형의 성질' 또는 '대각선 규칙'이라는 용어가 타당하다고 제기하는 학자들이 있다. 이를 따라 이 책에서도 '대각선 규칙'이라고 부르고자 한다.

대각선 규칙은 플림톤 322만이 아니라 원에 내접하는 정삼각형에서 길이 구하기(MS 3051), 원에서 현의 길이 구하기(MS 3049), 직각삼각형을 닮음 분할하기(IM 55357) 등 고바빌로니아의 점토판에서 많이 발견된다. 특히, 점토판 IM 67118과 같이 대각선 규칙을 증명한 것으로 보이는 점토판도 여러 개 발견되었다.

고대 이집트의 피라미드에서는 높이와 밑변이 직각삼각형을 만드는데, 이와 관련된 세 변의 길이를 구하는 문제들이 파피루스에 실려 있다. 이 수들을 이집트 짝이라고 부르는데, 고대 이집트인들이 이집트 짝을 구한 방법은 여러 학자들이 추론한바 있다.

이 장에서는 이런 기록에 대한 확인과 함께 이 지식이 어떻게 고대 그리스로 전이되어 피타고라스의 정리라고 부르는 배경이 되었는지 탐구하기를 바란다.

개념 이해

- 피타고라스 정리를 역사적 맥락으로 이해한다.
- 피타고라스 정리의 아프리카·아시아적 가치를 알아본다.
- 플라톤의 대화록을 통하여 직각이등변삼각형의 문화적 가치를 알수 있다.
- 피타고라스 교단의 붕괴 원인에 대하여 이해할 수 있다.
- 플라톤 아카데미가 가지고 있는 기하학의 중요성을 이해한다.
- 정사각형의 대각선이 가지고 있는 수학 문화적 가치를 이해한다.
- 거대 문명 간 수학 문화의 전이를 이해한다.
- 고대 그리스의 고대 이집트로부터의 수학 문화적 차용 또는 접촉의 개연성을 제기할 수 있다.
- 수학이 발견인지 발명인지에 대한 문제를 제기할 수 있다.

지식론

이 장에서 3단계로 제시하는 지식론은 모두 8개이다.

주제1 플림턴 322(라르사 점토판)	
1	점토판 플림턴 322에 나타난 15개의 직각삼각형 크기는 어떠한가?
2	매우 큰 수로 만들어진 직각삼각형의 크기를 어떻게 구했을까?
3	15개 직각삼각형의 배열 원리와 용도는 무엇인가?
주제2 소크라테스와 메논과의 기하적 대화	
1	점토판에는 고바빌로니아 시대 원과 내접하는 삼각형에 대한 어떤 문제가 실려 있는가?
2	내접하는 삼각형은 '대각선 성질'을 왜 필요로 하는가?
3	플라톤의 《메논》에서 소크라테스와 메논과의 대화에 내접하는 삼각형의 성질을 동지중해의 수학 문화 교류로 볼 수 있는가?
주제3 피타고라스 정리	
1	고바빌로니아인들이 피타고라스 정리 증명에서 사용한 것으로 추정되는 도형은 어떤 도형인가?

2	피타고라스가 정리를 발견하고 증명했다는 주장을 전문 서적이나 국제 수준 논문에서 찾기 힘든 이유는 무엇인가?
3	피타고라스 이름을 따서 '피타고라스 정리'라고 부르는 것은 윤리적인가?
주제4 정사각형과 그 대각선	
1	청동기 시대 고바빌로니아인들이 정사각형의 대각선을 어떻게 기술했는가?
2	고바빌로니아인의 근삿값을 구하는 방법을 추정해 보자.
3	고바빌로니아의 방법이 고대 그리스에 영향을 끼쳤다는 것을 논할 수 있는 이유는 무엇인가?
주제5 $\sqrt{8}$ 과 그 근삿값	
1	플라톤의 《메논》에서 소크라테스와 노예 소년은 어떤 대화를 나눴는가?
2	기하적 대화와 산술적 대화로 구분하는 것이 가능한가?
3	플라톤이 처음 노예 소년에게 제시한 정사각형의 길이를 2로 택한 이유는 무엇인가?
주제6 분할하여 붙이기 디자인	
1	플라톤의 《메논》에서 소크라테스와 노예 소년 간의 대화를 색종이 '분할하여 붙이기'로 바꿀 수 있는가?
2	3, 5, 6장의 색종이를 분할하여 1장의 정사각형 색종이로 만들어 보자.
3	색종이 5장의 '분할하여 붙이기'를 중세 이슬람 수학적 디자인과 연결하는 것이 타당한가?
주제7 테오도르스의 나선	
1	플라톤의 《테아이테토스》에서 말하는 테오도로스 나선을 그릴 수 있는가?
2	위에서 경험적으로 $\sqrt{18}$ 을 나선에 넣으면 처음 삼각형과 겹친다는 것을 알 수 있었다. 합리적으로 겹치는 이유를 설명할 수 있을까?
3	테오도로스가 $\sqrt{2}$ 를 언급하지 않은 이유는 무엇인가?
주제8 무리수의 증명	
1	히파수스 시절 무리수 증명은 몫과 나머지를 사용하였다. 두 선분에 몫과 나머지를 어떻게 적용하는가?
2	$(\sqrt{5}+1)/2$과 $\sqrt{2}$를 정오각형과 정사각형의 대각선을 이용하여 이들이 유리수가 아님을 보여라.
3	히파수스 시절에 $\sqrt{2}$ 보다 $(\sqrt{5}+1)/2$이 먼저 유리수가 아님을 보인 것으로 추정된다. 그 이유는 무엇인가?

선행지식

- 대각선의 성질
- 직각사각형의 작도
- 원과 삼각형
- 근삿값
- 삼각비

교사의 암묵지를 위한 주제

- 닮음비
- 플라톤의 대화록 《메논》, 《티마이오스》, 《테아이테토스》
- 플림턴 322
- 정다면체와 그 분류
- 유클리드의 알고리즘과 연분수
- 정오각형의 작도
- 근삿값
- 이집트 짝(Egyptian triple)
- 그리스 고전기
- 반복결정법(regular falsi method)
- 고대 문명의 특징

제 1 절 고바빌로니아인의 직각삼각형

1. 고바빌로니아의 직각삼각형 문제

직각삼각형의 크기(밑변, 높이, 빗변)를 나타내는 세 수를 우리는 제1장에서 '이집트 짝'이라고 불렀다. 청동기 시대 중동(Middle East)에서의 이집트 짝의 역사를 광범위하게 알아보자.

가) 점토판 플림턴 322

플림턴 322(Plimpton 322, 그림 2.2)는 고대 도시 라르사(Larsa) 지역에서 발견된 고바빌로니아(Old Babylonia, 2000~1600 BCE) 점토판이다. 출토지역명을 따라 '라르사 점토판'이라고도 부른다. 크기는 손바닥 정도이고 두께는 약 2cm 정도이다.

플림턴 322에는 쐐기문자로 15행 4열의 수가 기록되어 있다. 해독 결과, 오른쪽부터 1열은 순서이고, 2열과 3열은 15개의 직각삼각형의 빗변과 높이, 4열은 그에 따른 기울기(코사인의 역수의 제곱)이다. 점토판에서는 세 군데 잘못된 기록이 발견되었다. 〈표 2.1〉은 1열을 제외한 나머지를 십진법으로 바꾸고 세 군데 기록 오류를 수

그림 2.1 함무리비 시대 바빌로니아

정하고 밑변, 각도, 고바빌로니아에서 기울기로 사용한 빗변에 대한 밑변의 길이의 비의 제곱(코사인의 역수의 제곱)을 분수 형태로 바꾸어 추가한 것이다(Robson 2002).

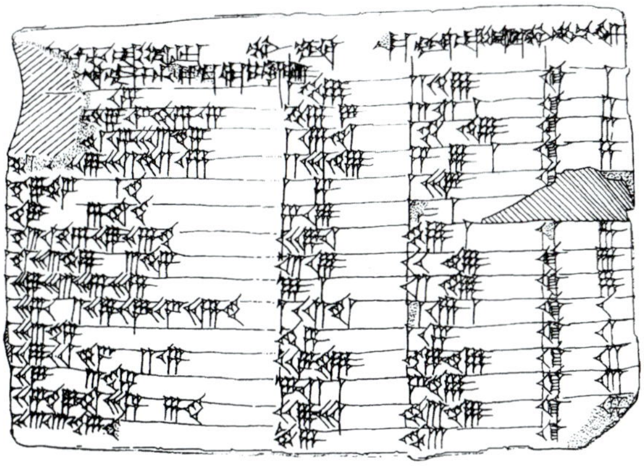

그림 2.2 플림턴 322

〈표 2.1〉 플림턴 322의 해석: 밑변, 각도, $(1/\cos\theta)^2$ 추가

4열			3열	2열		1열
고바빌로니아의 기울기	$(1/\cos\theta)^2$	각도(θ)	높이	빗변(c)	밑변(a)	행
1:59:00:15	$(169/120)^2$	44.76	119	169	120	1
1:56:56:58:14:50:06:15	$(4825/3456)^2$	44.25	3367	4825	3456	2
1:55:07:41:15:33:45	$(6649/4800)^2$	43.78	4601	6649	4800	3
1:53:10:29:32:52:16	$(18541/13500)^2$	43.27	12709	18541	13500	4
1:48:54:01:40	$(97/72)^2$	42.07	65	97	72	5
1:47:06:41:40	$(481/360)^2$	41.54	319	481	360	6
1:43:11:56:28:26:40	$(3541/2700)^2$	40.31	2291	3541	2700	7
1:41:33:45:14:03:45	$(1249/960)^2$	39.77	799	1249	960	8
1:38:33:36:36	$(769/600)^2$	38.72	481	769	600	9
1:35:10:02:28:27:24:26	$(8161/6480)^2$	37.44	4961	8161	6480	10
1:33:45	$(75/60)^2$	36.87	45	75	60	11
1:29:21:54:02:15	$(2929/2400)^2$	34.98	1679	2929	2400	12
1:27:00:03:45	$(289/240)^2$	33.86	161	289	240	13
1:25:48:51:35:06:40	$(3229/2700)^2$	33.26	1771	3229	2700	14
1:23:13:46:40	$(106/90)^2$	31.89	56	106	90	15

점토판에 대하여 우리는 어떤 질문을 제기할 수 있을까?

세 가지를 생각해 보자. 첫째, 위 표에는 이집트 짝 (밑변, 높이, 빗변)이 (13500, 12709, 18541), (2700, 1771, 3229)와 같이 매우 큰 경우가 있다. 고바빌로니아인이 이렇게 매우 큰 수로 이루어진 이집트 짝을 구했을까? 둘째, 4열에 쓰인 수들은 주어진 직각삼각형에서 $(1/\cos\theta)^2$의 값으로 대략 θ가 44.76도에서 31.89도에 해당된다. 고바빌로니아인은 $\sec^2\theta$를 기울기로 사용했는가? 셋째, 플림턴 322는 어느 분야에서 어떻게 활용되었나?

매우 큰 직각삼각형의 크기, 즉 수가 큰 경우 이집트 짝을 어떻게 구했는지 추론해 보자.

✎ 추론 1

(1) 기울기가 m(m은 유리수)이고 점 $(-1, 0)$을 지나는 직선의 방정식은 $y = m(x+1)$이다. 직선과 중심이 $(0, 0)$이고 반지름 1인 원이 만나는 점을 구하자.

(2) $m = \frac{v}{u}$ (u, v는 정수)에 대하여

$$(u^2 - v^2,\ 2uv,\ u^2 + v^2)$$

은 이집트 짝이다. 그 이유를 살펴보자.

먼저, $y = m(x+1)$을 $x^2 + y^2 = 1$에 대입하면

$$x^2 + (m(x+1))^2 = 1 \text{ 또는 } (m^2+1)x^2 + 2m^2x + (m^2-1) = 0$$

직선과 원의 교점이 $(-1, 0)$이므로 $x = -1$은

$$(m^2+1)x^2 + 2m^2x + (m^2-1) = 0$$

를 만족한다. 또 다른 해는

$$x = \frac{1-m^2}{1+m^2}$$

이때,

$$y = m\left(\frac{1-m^2}{1+m^2} + 1\right) = \frac{2m}{1+m^2}$$

이므로 임의의 유리수 m 에 대하여 방정식 $x^2 + y^2 = 1$의 유리수 해

$$\left(\frac{1-m^2}{1+m^2}, \frac{2m}{1+m^2}\right)$$

이 존재한다. 유리수 해 $\left(\frac{1-m^2}{1+m^2}, \frac{2m}{1+m^2}\right)$에서 $m = \frac{v}{u}$ 라 하면

$$\frac{1-m^2}{1+m^2} = \frac{1-(v/u)^2}{1+(v/u)^2} = \frac{u^2-v^2}{u^2+v^2}$$
$$\frac{2m}{1+m^2} = \frac{2(v/u)}{1+(v/u)^2} = \frac{2uv}{u^2+v^2}$$

따라서 이집트 짝 $(u^2 - v^2,\ 2uv,\ u^2 + v^2)$을 얻는다.

✎ 추론 2

고바빌로니아인은 이집트 짝을 어떻게 생성했는지 알아보자.

먼저 이집트 짝 (a, b, c)에서 양의 정수 k에 대하여 (ak, bk, ck)도 역시 이집트 짝이다. 그러므로, 예를 들어, $(3, 4, 5)$와 같이 서로소인 세 수를 '이집트의 기본 짝' 이라고 부르자. 다음 네 가지 조건을 만족하는 두 수 u, v는 이집트 짝

$$(a, b, c) = (u^2 - v^2,\ 2uv,\ u^2 + v^2)$$

을 만든다.

- u, v는 양의 정수
- $u > v$
- 하나는 짝수이고 나머지 하나는 홀수
- u, v는 서로소

이를 바탕으로 점토판에 있는 값, 높이와 빗변에 적용하면 다음을 얻는다.

〈표 2.2〉 직각삼각형 생성표

순서	u	v	k	높이(b)	빗변(c)
1	12	5	1	119	169
2	64	27	1	3367	4825
3	75	32	1	4601	6649
4	125	54	1	12709	18541
5	9	4	1	65	97
6	20	9	1	319	481
7	54	25	1	2291	3541
8	32	15	1	799	1249
9	25	12	1	481	769
10	81	40	1	4961	8161
11	2	1	15	45	75
12	48	25	1	1679	2929
13	15	8	1	161	289
14	50	27	1	1771	3229
15	7	2	2	56	106

15개의 이집트 짝이 44.76도에서 31.98도를 대략 1도 간격으로 구성되어 있음을 〈표 2.1〉에서 확인하였나. 우리가 사용하고 있는 360도 기반은 바빌로니아인들 덕택이다. 바빌로니아인이 360도 기반 각도의 개념을 도입한 시기는 황도대를 발견한 이후로 기원전 5세기 초를 지나서이다(Neugebauer 1969). 황도 12궁은 원을 같은 크기로 12등분을 하게 되고 각 등분을 다시 30($u\check{s}$, 길이)로 나뉜다(Van Brummelen 2009, 17). 현존하는 점토판에서 가장 오래된 360° 황도대의 기록(점토판 AB 251)은 기원전 410년에 제작된 것이다(Sachs 1952, 54). 플라톤 시대에도 호와 관련된 360단위 각도를 사용한 기록은 없다.

따라서 탈레스나 피타고라스가 사용한 각의 개념은 고대 이집트인들이 사용한 $\frac{(\text{밑변})}{(\text{높이})}$과 같은 방법이거나 고바빌로니아인들이 점토판 플림턴 322에서 사용한 $\frac{(\text{밑변})^2}{(\text{빗변})^2}$ 방법으로 추정할 수 있다.

직각삼각형과 관련된 4개의 문제를 연이어 살펴보자. 고바빌로니아인은 원과 내접하는 삼각형에 대하여 매우 잘 알고 있었던 것으로 보인다.

나) TMS 1: 원에 내접하는 이등변삼각형

1933년 프랑스 고고학자 팀이 이란 서부에 위치한 고대 엘람 왕국의 수도인 수사(Susa)에서 수학 점토판들을 발견했다. 1961년에 E. 브루인스(Bruins)와 M. 뤼탕(Rutten)은 《수사의 수학 텍스트, Textes Mathematiques de Suse, TMS》라는 제목으로 출판했다. 여기에는 후기 고바빌로니아 시대(기원전 16세기)에 속하는 것으로 보이는 26개의 서판에 아카드(Akkadian) 언어로 기록되어 있다. 이 점토판들에는 원에 내접하는 정삼각형, 정육각형, 정칠각형의 문제들이 기록되어 있는데, 그중 직각삼각형이 포함된 TMS 1(그림 2.3)을 자세히 살펴보자.

TMS 1에는 그림과 같이 삼각형에 외접원이 그려져 있다. 삼각형의 변의 길이는 50, 40, 30(변의 길이의 절반)이고 외접원의 반지름은 31, 15이고 외접원의 중심에서 밑변에 이르는 거리는 8, 45라고 기록되어 있다.

길이 사이의 관계로부터 추정하자면, 이 점토판은 세 변의 길이가 50, 50, 60이고 높이가 40인 이등변삼각형의 외접원의 반지름의 길이 31, 15, 외접원의 중심에서 밑변에 이르는 거리 8, 45를 구한 것으로 보인다.

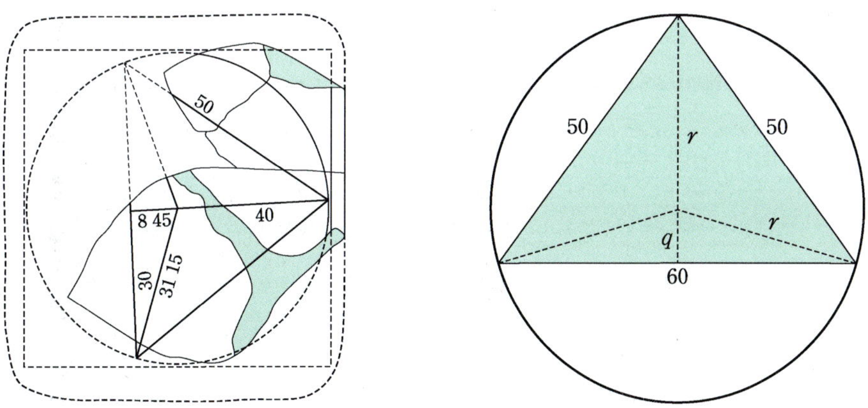

그림 2.3 TMS 1: 원에 내접하는 이등변삼각형

고바빌로니아인은 크기를 대각선 규칙(diagonal rule)과 연립방정식을 사용하여 구했을 것으로 추정하는데, 결국 이 문제는 기본 이집트 짝 (3, 4, 5)에 관한 것이다. 대각선 규칙은 우리가 '피타고라스 정리'라고 부르는 것을 말한다. 직사각형이 대각선으로 나뉜 직각삼각형의 세 변의 길이 사이에서 성립하는 규칙은 피타고라스보다 훨씬 이전인 고대 이집트나 고바빌로니아는 물론 중국에서도 이미 사용되고 있었다. 이 때문에 J. 프라이베르크(Friberg 2007a)와 J. 호이럽(Høyrup 2002) 등은 흔히 사용하는 '피타고라스 정리' 대신 '직각삼각형의 성질' 또는 '대각선 규칙' 등의 용어를 사용하였다. 우리도 이 책에서 '대각선 규칙'이라고 부르고자 한다.

그림에서 원에 내접하는 이등변삼각형의 높이는 40이므로 반지름을 r, 중심에서 밑변까지의 거리를 q 라고 하면 다음과 같은 연립방정식을 얻는다.

$$\begin{cases} r^2 - q^2 = 900 \\ r + q \quad = 40 \end{cases}$$

이것을 풀면 외접원의 반지름 r은 31.25, 외접원의 중심에서 밑변까지의 길이는 8.75 이다. 이를 육십진법으로 바꾸면 점토판에 새긴 31 15, 8, 45와 같다. 수사 인들은 이런 연립방정식을 풀었을 뿐만 아니라 TMS 12에서는 다음과 같은 복잡한 경우도 다루었다(Muroi 2001).

$$\begin{cases} xy = 600 \\ \dfrac{x}{y} + \dfrac{y}{x} = \dfrac{13}{6} \end{cases}$$

다) MS 3051: 원에 내접하는 정삼각형

MS 3051에는 **그림 2.4**와 같이 원에 내접하는 삼각형이 그려져 있다. 삼각형의 세 꼭짓점은 원주를 삼등분하는데 그 길이는 20이다. 삼각형 안에는 1; 52, 30 삼각형의 바깥 부분인 활꼴에는 1; 02, 30이 새겨져 있다. 이 그림에서 유추할 수 있는 것은 원주에서 원에 내접하는 정삼각형의 넓이와 바깥 부분의 넓이를 구하는 문제라는 것이다.

고바빌로니아에서는 주로 원주의 표준을 60, 지름의 표준을 20으로 사용하였다. 그림에서 중심각의 크기는 원주각의 크기의 두 배이므로 그림의 두 직각삼각형은 닮았다. 이를 이용하여 고바빌로니아인은 아래와 같은 식을 세운 것으로 추

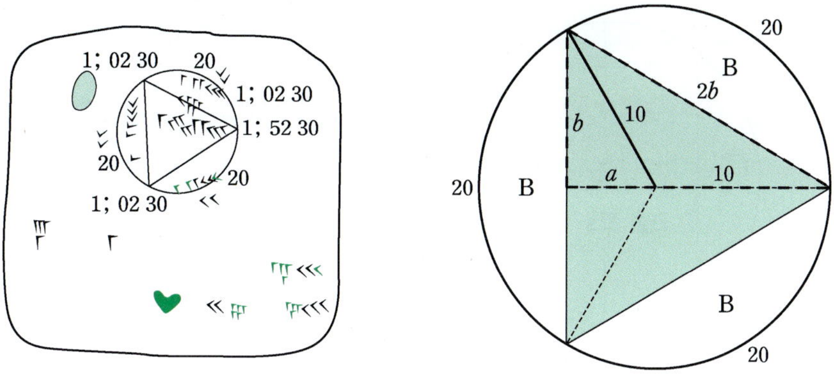

그림 2.4 MS 3051: 원에 내접하는 정삼각형

정된다.

$$\frac{a}{10} = \frac{b}{2b}$$

이로부터 $a = 5$이다. 이 식에서 $b^2 = 75$이고 고바빌로니아인은 $\sqrt{3}$의 근삿값으로 1.75를 사용하였으므로 $b = 5\sqrt{3} = 5 \times \frac{7}{4} = 8.75$이다. 따라서 정삼각형의 넓이는 $15 \times 8.75 = 131.25$이다. 반지름 10일 때, 원의 넓이를 구하는 식으로 $3 \times (\text{반지름})^2$을 사용하였으므로 삼각형의 바깥 부분, 즉 활꼴의 넓이는 각각 $\frac{1}{3}(300 - 131.25) = 56.25$이다.

이를 육십진법으로 바꾸면 2; 11, 15와 56, 15로 그림에 새겨진 수와 같지 않다. 고바빌로니아 시대의 학생이 오류를 범한 것으로 추측할 수 있다.

MS 3051과 매우 유사한 문제가 이집트 수학에서도 발견된다. P. Cairo #36에서 이집트인들은 정삼각형과 내접원, 높이에 의하여 이등분되는 정삼각형, 현과 원주로 이루어진 도형 세 가지를 차례로 다루었다(Friberg 2007a). 이 문제를 풀기 위해서는 삼각형의 닮음비, 중심각의 크기는 원주각의 크기의 두 배, 대각선 규칙을 알아야 한다.

라) MS 3049: 원과 현

MS 3049는 큰 점토판의 일부로 남아 있는 부분에는 지름과 현이 있는 원 두 개

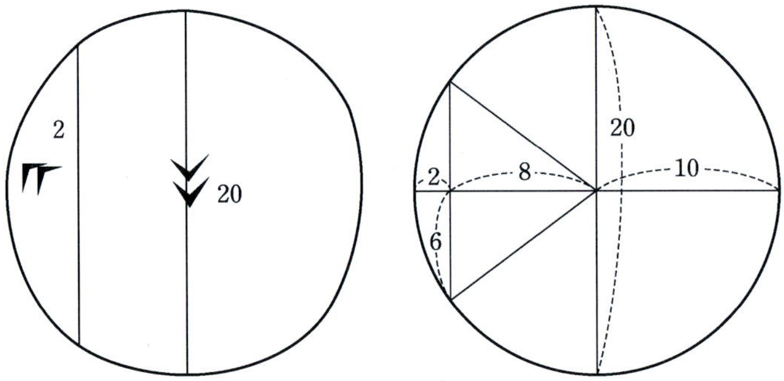

그림 2.5 MS 3049: 원과 현의 길이

에 43줄의 쐐기글자가 쓰여 있다(**그림 2.5** 참고). 글에는 문제 번호가 있어 원래 16개의 수학 문제로 이루어진 점토판이라는 것을 알 수 있다. 두 개의 원 그림에 나타난 수는 20과 2로 같은데, 글은 첫 번째 그림에 대한 문제 일부와 풀이이다.

첫 번째 원 그림 옆의 글자에는 지름이 20인 원에서 거리가 2인 현의 길이를 구하는 과정이 설명되어 있다. 반지름 10을 빗변으로 하는 직각삼각형을 생각하면 대각선 규칙에서 현의 길이의 절반은 $\sqrt{10^2-8^2}=6$이다. 이는 이집트 짝 (6, 8, 10)의 문제이다.

MS 3049의 두 번째 원 옆의 글자가 없어져 이 문제가 어떤 내용인지 알기 어려우나 몇 개의 글자로부터 첫 번째 문제를 변형한 것으로 BM 85194와 거의 비슷한 내용이라고 추정할 수 있다. 이제 BM 85194에 대하여 알아보자.

마) BM 85194

BM 85194는 35개의 문제로 구성된 매우 큰 분량의 텍스트이다. 1900년에 킹(King)에 의하여 손으로 쓴 사본이 출간되고 1935년 O. 노이게바우어에 하여 번역과 해설이 출간되었다.

20번 문제는 원주가 60인 원에서 거리가 2인 현의 길이를 구하는 문제이다. 앞의 점토판에서는 반지름을 이용하여 직각삼각형을 만든 반면 여기에서는 지름을 이용하여 직각삼각형을 만든다. 즉, **그림 2.5**에서 지름 D는 20이고 현의 거리 d는 2이다. 따라서 지름을 빗변으로 하는 직각삼각형의 나머지 두 변의 길이는 $\mathrm{D}-2d=20-4=16$이므로 현의 길이는 $\sqrt{20^2-16^2}=12$이다. 21번 문제는 20번 문제의 역으로 길이가 12인 현에서 같은 직사각형을 이용하여 현의 거리가 2임을 계산하였다.

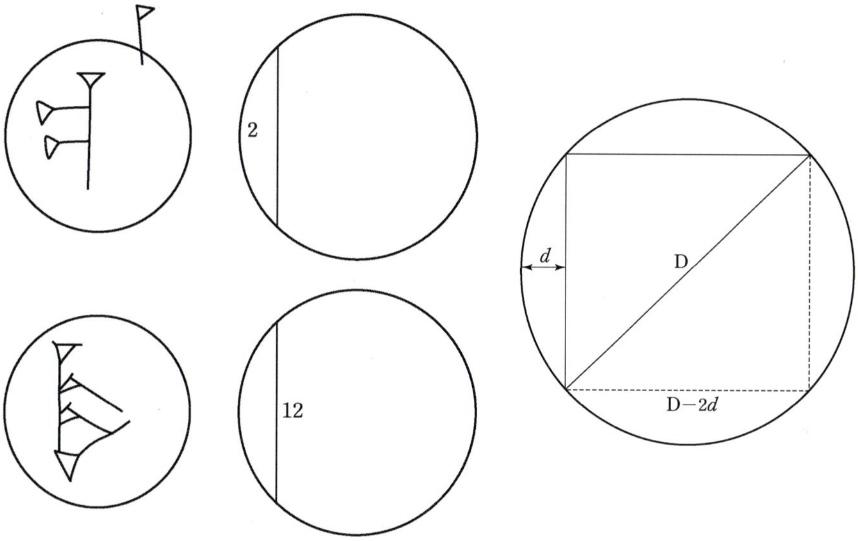

그림 2.6 BM 85194 ##20-21

여기서 주목할 사실은 반원의 원주각, 즉 지름으로 만들어지는 원주각이 직각임을 사용하였다는 것이다. 그들은 반원의 원주각이 직각임을 알고 있었음에 틀림없다.

바) IM 55357: 직각삼각형의 닮음 분할

IM 55357은 1945년부터 실시된 바그다드 근처의 탈 하르말(Tall Harmal)의 고대 도시 발굴 작업 중 발견된 점토판으로 기원전 1800년경에 제작한 것으로 추정한다. 위쪽에 그려진 직각삼각형에 관한 문제만 실린 수학 점토판(그림 2.7)이다.

직각삼각형 밖에 쓰인 1, 0;45, 1;15는 세 변의 길이이고 안의 수는 모두 넓이이다. 쐐기글자로 쓰인 문제는 이 수치 외에 전체 넓이가 0; 22, 30임을 알려주며 변 BD, AD, AE, ED의 길이를 구하라는 것이다. 이어서 주어진 길이와 넓이를 곱하고 제곱근을 구하는 과정을 통해 답을 구해나가는 과정이 기록되어 있다. 이 과정에서 삼각형의 닮음을 이용하지만 그 사실을 언급하지는 않는다. 예를 들어 BD를 구하는 과정을 보자. 점토판에는 “1의 역수를 구하고 여기에 0;45를 곱하고 2를 곱하고 0;8,6을 곱하여 0;12,9를 얻는다. 제곱을 해서 0;12,9가 되는 수를 구하면 0;27이

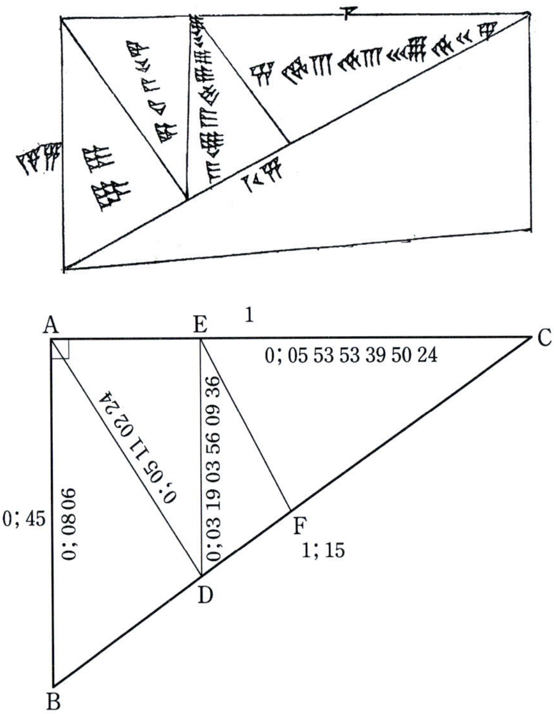

그림 2.7 IM 55357: 직각삼각형 분할과 닮음비

다"와 같이 기록되어 있다. 이 과정을 현대적으로 풀면 다음과 같다.

$\triangle\mathrm{ABC}$와 $\triangle\mathrm{DBA}$는 닮음이므로 $\dfrac{\mathrm{AB}}{\mathrm{AC}}=\dfrac{\mathrm{BD}}{\mathrm{AD}}$에서 $\mathrm{BD}=\mathrm{AD}\times\dfrac{\mathrm{AB}}{\mathrm{AC}}$이다. $\triangle\mathrm{DBA}=\dfrac{\mathrm{BD}\times\mathrm{AD}}{2}$에서 $\mathrm{BD}=\dfrac{2\triangle\mathrm{DBA}}{\mathrm{AD}}$이다. 여기에서 $\mathrm{BD}^2=\dfrac{\mathrm{AB}}{\mathrm{AC}}\times 2\triangle\mathrm{DBA}$ $=\dfrac{0;45}{1}\times 2\times 0;8,6=0;12,9$이고 $\sqrt{0;12,9}=0;27$이다. 점토판에 제시된 과정은 $\dfrac{0;45}{1}\times 2\times 0;8,6$과 $\sqrt{0;12,9}$의 계산이다.

점토판의 계산 결과를 보면, BD는 0;27, AD는 0;36, AE는 0;21,36, ED는 0;28,48이다.

$\triangle\mathrm{ABC}$의 세 변의 길이 0;45, 1, 1;15를 십진법으로 바꾸면 그 비는 45, 60, 75로 이집트 짝 (45, 60, 75)이다. 우연일 수 있지만 이 직각삼각형은 플림턴 322에서 언급된 크기이다. 닮음비로부터 삼각형 ABD의 넓이는

$$\left(\frac{45}{75}\right)^2\times(\text{삼각형 ABC의 넓이})$$

로 계산할 수 있다. 독자들은 이를 유클리드의 《원론》 6권, 명제 31과 비교해 보자.

2. 고바빌로니아인의 대각선 규칙 증명

고바빌로니아 점토판 IM 67118에서 대각선 규칙과 그 증명 방법을 찾을 수 있다. 이는 '대각선 규칙'을 최초로 발견하고 증명한 기록이다. 프라이베르크는 직접적인 증거는 없지만 점토판에 있는 계산을 바탕으로 증명 가능성을 다음 그림으로 제시한다.

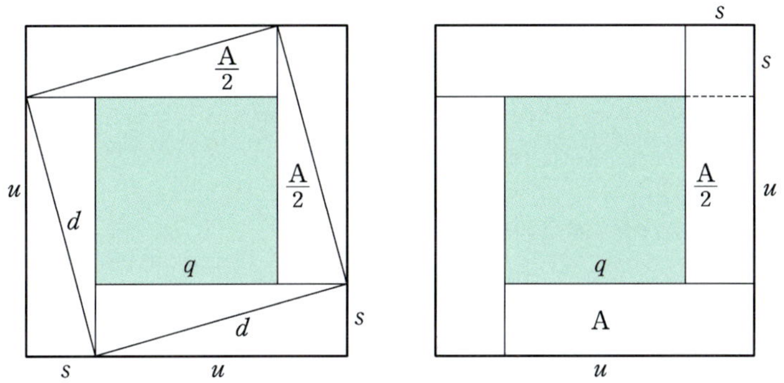

그림 2.8 IM 67118, 고바빌로니아인의 대각선 규칙 증명 추정 그림

회전하는 네 개의 직사각형에서 주어진 대각선의 길이 d와 넓이 A로부터 사각형의 두 변의 길이를 구하는 문제인데 사각형의 두 변을 $u, s\,(u > s)$라 하고 $q = u - s$, $p = u + s$일 때,

$$q^2 = d^2 - 4(A/2),\ p^2 = q^2 + 4A$$

를 사용한다(Friberg 2007a, 205~206). 문제에서 사용된 육십진법을 십진법으로 바꿔 소개하면 $d = 75$와 $A = 2700$로부터 $u = 60$과 $s = 45$를 구한다. 이때, 흥미롭게도

$$q^2 + 2A = d^2,\ q^2 + 2A = u^2 + s^2$$

으로부터

$$d^2 = u^2 + s^2$$

을 주목한다면 이는 대각선 규칙의 최초의 증명이 된다.

점토판 TMS 5와 BM 13901에 의하여 대각선 규칙 $d^2 = u^2 + s^2$을 보인 것을 추정할 수 있다(Friberg 2007b, 80~81). 따라서 J. 프라이베르크는 대각선 규칙을 증명한 선구자로 고바빌로니아인(2000~1600 BCE), 유클리드(Euclid, 4세기 BCE), 파푸스(Pappus, 4세기)를 들고 있다. 참고로 기원전 약 3세기에 이와 유사한 이집트인이 다룬 문제가 있다(P. Cairo #34). 직사각형의 대각선 $d = 13$, 넓이 $A = 60$일 때, 각 변의 길이를 구하는 문제이다. 다음과 같이 5단계를 걸쳐 해결한다.

단계 ① $d^2 + 2A = 169 + 120 = 289$, $\sqrt{289} = 17$

단계 ② $d^2 - 2A = 169 - 120 = 49$, $\sqrt{49} = 7$

단계 ③ $\dfrac{17-7}{2} = 5$ (직사각형의 세로)

단계 ④ $17 - 5 = 12$ (직사각형의 가로)

단계 ⑤ 확인: $12^2 + 5^2 = 144 + 25 = 169$, $\sqrt{169} =$ 대각선의 길이

이 문제 역시 $us = A$, $u^2 + s^2 = d^2$에서 $d^2 + 2A = (u+s)^2$과 $d^2 - 2A = (u-s)^2$을 사용한 것이다.

다음은 유사한 시기에 중국에서 증명된 내용을 보자.

고대 중국에서 전해 내려오는 《주비산경》은 원본은 유실되었고 조군경(趙君卿)의 주해서가 전해온다. 주해서에서 논의된 내용은 어떤 그림을 기술한다. 그러나 사용된 그림은 유실되었으며 이를 **그림 2.9**로 추정한다(Katz 2009, 204). 조군경이 증명한 시기를 반 데어 배르덴(van der Waerden)은 기원전 250년으로 본다. 조군경의 방법은 높이(句, 3), 밑변(股, 4), 빗변(弦, 5)로 하는데 이를 a, b, c로 사용해도 무방하다. **그림 2.9**에서 (朱實) $= \dfrac{1}{2}ab = 6$, (中黃實) $= (b-a)^2 = 1$, (弦實) $= c^2 = 25$, 즉 현실의 넓이 25는 주실과 황실의 넓이를 더한 것이다. 이를 문자로 재해석하면 $c^2 = 4\left(\dfrac{1}{2}ab\right) + (b-a)^2$으로 대각선 규칙 $a^2 + b^2 = c^2$의 증명임을 알 수 있다.

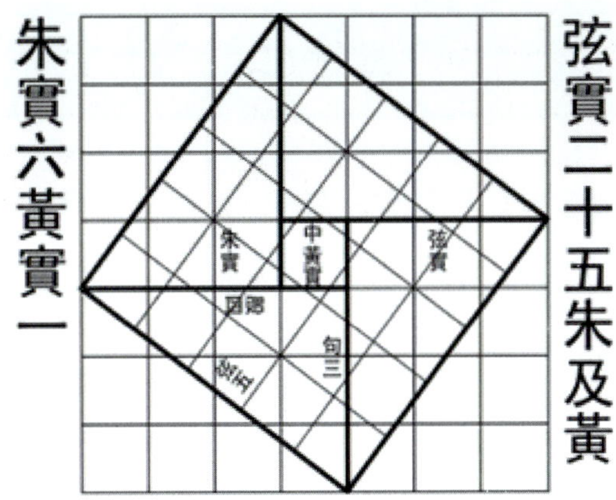

그림 2.9 조군경의 유실된 도형의 추정 그림

제 2 절 고대 이집트인의 직각삼각형

1. 이집트 짝

가) 고대 이집트 피라미드

제1장에서 고대 이집트 피라미드의 높이와 밑변이 만드는 직각삼각형에서 이집트 짝 (21, 20, 29), (3, 4, 5), (8, 15, 17), (5, 12, 13), (7, 24, 25) 등을 알아보았다. 이집트 짝은 직각삼각형의 변의 길이가 모두 자연수인 경우로 각각의 경우마다 건축물의 기울기가 쉽게 정해진다. 《아메스 파피루스》의 57번, 58번, 59번은 기본 이집트 짝 (3, 4, 5)와 관련된 피라미드 문제로 그 각도가 약 53도이다. 이집트 짝은 피라미드의 기울기 세케드(seked)를 쉽게 표현한다.

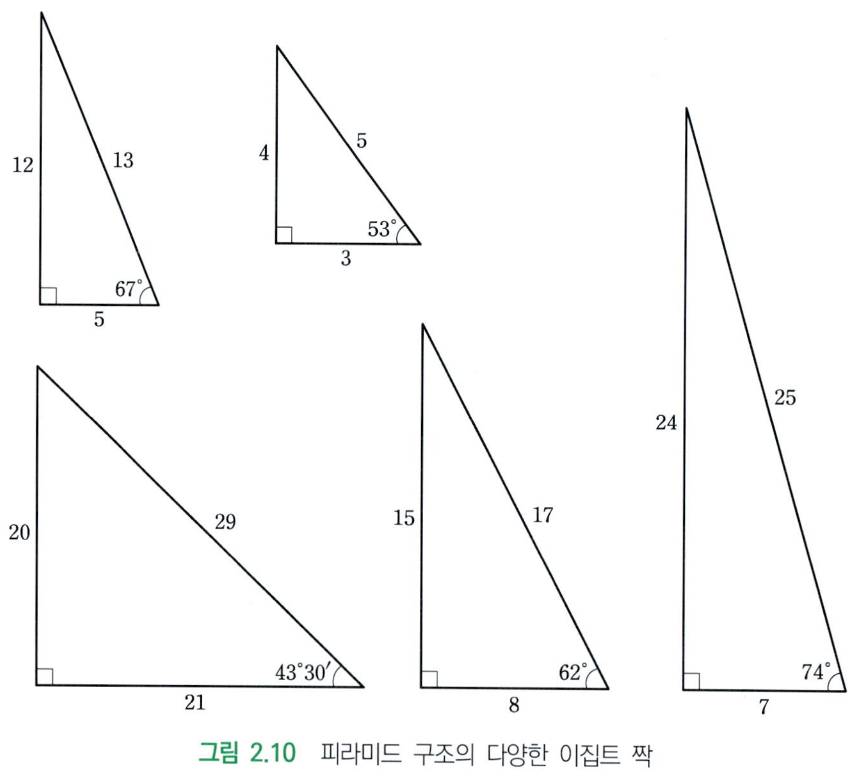

그림 2.10 피라미드 구조의 다양한 이집트 짝

나) 베를린 파피루스 6619

H. 샤크-샤켄부르크(Schack-Schackenburg)에 따르면 고대 이집트 제12왕조 중기부터 제13왕조 때 만들어진 것으로 알려진 베를린 파피루스(Berlin Papyrus 6619)에서 다루는 두 연립이차방정식

$$\begin{cases} x^2+y^2=100 \\ 4x-3y=0 \end{cases}, \quad \begin{cases} x^2+y^2=400 \\ 4x-3y=0 \end{cases}$$

은 이집트 짝 $(6, 8, 10)$, $(12, 16, 20)$을 구하는 문제이다.

현대 기호로 바꾸면 $x^2+y^2=100$이고 $x:y=1:3/4$일 때, x, y를 구하는 문제이다. 풀이법은 반복결정법(regular falsi method)으로 아메스가 《아메스 파피루스》에서 사용한 방법이고 디오판토스의 《수론서》나 중국의 《구장산술》의 일차방정식 풀이에서도 나타난다(Heath 1981b; Burton 2007).

먼저, $x=1$, $y=3/4$을 시도하면 $x^2+y^2=\frac{25}{16}$, $\sqrt{\frac{25}{16}}=\frac{5}{4}$이다. $\sqrt{100}=10$이고 $10\div\frac{5}{4}=8$이므로 $x=8\times1$, $y=8\times\frac{3}{4}=6$. 구하고자 하는 해는 $6^2+8^2=10^2$이다. 이는 기본 이집트 짝 (3, 4, 5)로 단순화된다.

2. 비트루비우스의 주장

기원전 50년경부터 로마인들은 그리스로부터 얻은 기초자료로 그들 자신만의 과학기술 서적을 저술하기 시작했다. 가장 유명한 저서는 기원전 14년부터 시작된 비트루비우스(Vitruvius, c.80-70 BCE~c.15 BCE)의 10권으로 구성된 건축학에 관한 책이다. 비트루비우스는 가장 위대한 세 개의 수학적 발견으로

- 이집트 짝 (3, 4, 5)
- 정사각형의 대각선을 통한 무리수
- 왕관 문제에 대한 아르키메데스의 해

를 든다. 특히, 비트루비우스는 삼각형 (3, 4, 5)가 직각삼각형이라는 발견은 이집트에서 그리스로 전이된 것으로 추정한다.

3. 이집트 짝 (3, 4, 5)의 작도

L. 칼피니스키(Karpiniski 1915)는 고대 이집트인들의 직각을 만드는 방법에 대하여 다음과 같이 주장한다.

> 비록 고대 이집트인들은 논리적 증명을 하고 있지 않았지만 이에 대한 친숙함은 잘 정착되어 있었으며 플라톤 시대나 그 후 수 세기 이후에도 이집트인들은 측량사로서 명성을 높이 사고 있었다. 단위 길이가 표시된 긴 끈으로 직각을 구현한 것으로 추정된다. 점 B에서 수직을 만들려면 나무못을 B, A에 설치하고 A에서 단위 길이가 5인 원을, B에서 단위 길이가 4인 원을 그리 만난 점 C를 A, B와 연결하면 (3, 4, 5) 직각삼각형이 완성된다.

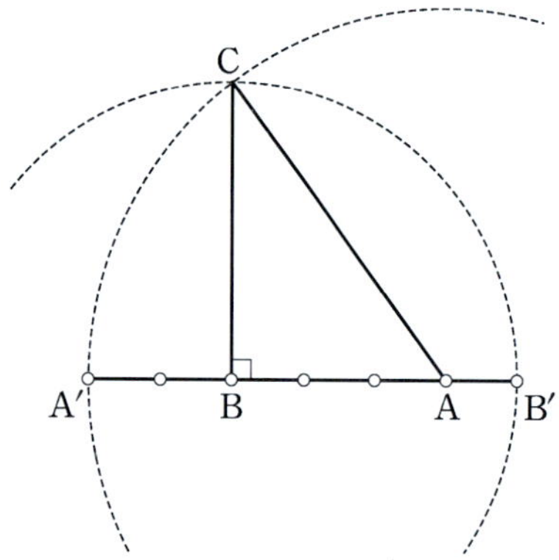

그림 2.11 이집트 짝 (3, 4, 5) 작도 추정과 벽화(2800~2400 BCE)

또 다른 추측은 노끈으로 원을 겹쳐 그려 두 수직인 직선을 구현하는 것이다. K. 잭슨과 J. 스탬프(Jackson and Stamp 2006)는 "현재로서 이와 같은 질문에 답하는 쉬운 방법은 그들이 기하학에 능통했다는 것이다"로 설명한다. 피라미드 건설에서 직각의 구현 이외에도 진북의 정확한 설정, 바닥의 수평 작업, 석재의 채석·절단·이동·설치 등의 문제를 여러 가설로 다룰 수 있다. M. 칸토어(Cantor)는 이집트 짝 (3, 4, 5) 구현에 대하여 "상상해 보자! 길이가 3, 4, 5인 줄을 사용하면 직각삼각형이 되지 않느냐"(Palter 1993, 257)라고 표현했는데, 이에 따라 노끈에 12마디를 사용했다는 주장이 제기되기도 하였다. 칸토어의 주장은 근거가 있는 것은 아니다.

제 3 절 무리수

청동기 시대 직각이등변삼각형의 대각선 길이를 고바빌로니아인들과 고대 이집트인들이 어떻게 다루었는지 살펴보자.

1. 고바빌로니아인의 $\sqrt{2}$

고바빌로니아의 점토판 YBC 7289(대략 1800~1600 BCE)에는 한 변의 길이가 30인 정사각형과 대각선이 그려 있다. 고바빌로니아인들은 육십진법을 사용하였으므로 30은 다루기 쉬운 수였을 것이다.

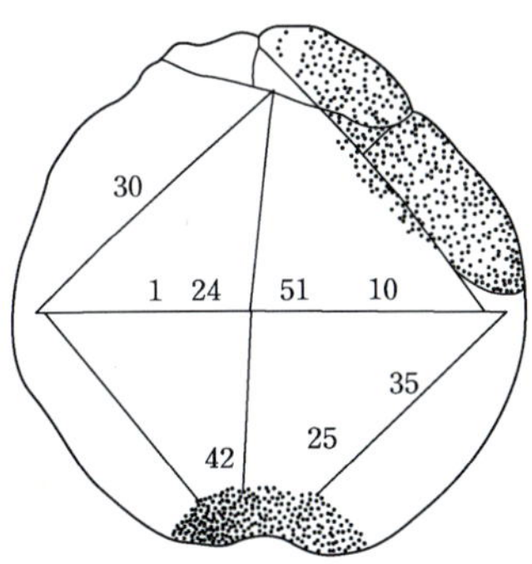

그림 2.12 YBC 7289

점토판에 기록된 육십진법의 두 수 1; 24, 51, 10과 42; 23, 25를 십진법으로 바꾸면 다음과 같다.

$$1;\ 24,\ 51,\ 10 = 1 + \frac{24}{60} + \frac{51}{60^2} + \frac{10}{60^3} = 1.41421296296\cdots$$

$$42;\ 23,\ 25 = 42 + \frac{23}{60} + \frac{25}{60^2} = \frac{30547}{720} = 42.4263888889\cdots$$

따라서 1; 24, 51, 10은 $\sqrt{2}$ 의 근삿값이고 42; 23, 25는 대각선의 길이 $\sqrt{30^2+30^2}$

$=30\sqrt{2}$에 해당한다. 청동기 시대에 어떤 경로로 $\sqrt{2}$(=1.41421356237⋯)와 소수점 이하 다섯 번째 자리까지 정확한 근삿값을 얻었을까? 가장 신뢰성 높은 두 가지 추정을 알아보자(Brown 1999; Fowler and Robson 1998).

가) 산술평균과 기하평균

첫 번째 추정은 고바빌로니아인이 잘 알고 있었던 산술평균과 기하평균을 이용하는 방법이다. 즉,

> (1) $x<\sqrt{2}$이면 $\frac{2}{x}>\sqrt{2}$이고
>
> (2) 두 수 x와 $\frac{2}{x}$의 산술평균 $\frac{1}{2}(x+\frac{2}{x})$은 x나 $\frac{2}{x}$보다 $\sqrt{2}$에 가깝다.

따라서, 순환 알고리즘

$$x_{n+1}=\frac{1}{2}\left(x_n+\frac{2}{x_n}\right)\quad(n=1,\ 2,\ 3,\ \cdots)$$

을 얻고 $x_1=\frac{3}{2}$으로 시작할 때 $x_3=\frac{577}{408}$이다.

〈표 2.3〉 $\sqrt{2}$의 근삿값

단계	x_i	$2/x_i$
1	3/2	4/3
2	17/12	24/17
3	577/408	816/577
4	665857/470832	941664/665857
5	886731088897/627013566048	

이때,

$$\frac{577}{408} = 1;\, 24,\, 51,\, 10,\, 35,\, \cdots$$

따라서 고바빌로니아 학생은 1; 24, 51, 10, 35, …를 간단히 1; 24, 51, 10으로 사용한 것으로 추정할 수 있다.

참고로 순환 알고리즘

$$x_{n+1} = \frac{1}{2}\left(x_n + \frac{2}{x_n}\right) \quad (n = 1,\, 2,\, 3,\, \cdots)$$

은 산술평균과 기하평균의 혼합이다. 두 수 x_n, $2/x_n$의 기하평균은 $\sqrt{2}$이기 때문이다. 앞에서 언급한 순환 알고리즘을 사용한 수학자는 알렉산드리아에서 1세기에 활동한 헤론(Heron)으로 여겨진다. 특히 알렉산드리아에서 활동한 이집트인 프톨레마이오스(Ptolemy, 대략 90~168)는 그의 저서 《알마게스트, Almagest》에서 출처를 언급하지 않고 고바빌로니아의 근삿값을 그대로 사용하고 있다. 따라서 1; 24, 51, 10은 당시 알렉산드리아에서 널리 알려진 $\sqrt{2}$의 근삿값으로 여겨진다.

나) 근사식

또 다른 추정으로 고바빌로니아인들이 사용한 근사식

$$\sqrt{2} = \sqrt{\left(\frac{3}{2}\right) - \frac{1}{4}} \fallingdotseq \frac{3}{2} - \frac{1}{2}\,\frac{2}{3}\,\frac{1}{4} = \frac{17}{12}$$

$$\sqrt{2} = \sqrt{\left(\frac{17}{12}\right)^2 - \frac{1}{144}} \fallingdotseq \frac{17}{12} - \frac{1}{2}\,\frac{12}{17}\,\frac{1}{144} = \frac{577}{408}$$

을 들 수 있다. 그 이유는 $a > B$인 경우

$$a^2 - B \fallingdotseq a^2 - B + \frac{B^2}{4a^2} = \left(a - \frac{B}{2a}\right)^2$$

이므로 고바빌로니아인들이 근사식

$$\sqrt{a^2-B} \fallingdotseq a-\frac{1}{2}\frac{1}{a}B$$

를 사용한 것으로 추정한다.

2. 고대 이집트인의 $\sqrt{2}$: 더블 르멘

직각이등변삼각형의 성질을 고대 이집트인이 알고 있었다고 추정되는 것으로 제0장에서 알아본 이집트 '길이의 단위' 체계를 들 수 있다. 한 변의 길이가 1큐빗(cubit)인 정사각형의 대각선 길이를 '더블 르멘(double remen)'으로 사용하는데 더블 르멘은 단위정사각형의 넓이를 두 배, 더블 르멘의 절반인 '르멘(remen)'은 단위정사각형의 넓이를 반으로 한 정사각형을 만든다(**그림 0.4**).

이와 같은 단위 사용에 대하여 B. 럼킨(Lumpkin 1980)은 고대 이집트인들은 직각이등변삼각형에서 두 변의 제곱의 합이 대각선 길이의 제곱과 같다는 것을 알고 있었던 것으로 주장하며 더 나아가 M. 버낼(Bernal 1992, 599)은 무리수를 인지했을 것으로 다음과 같이 주장한다.

"무리수는 최소한 기원전 2000년경부터 이집트에서 사용되었으며 비록 유클리디안 방법에 의한 증명 여부를 떠나 상황의 증거(circumstantial evidence)로 보아, 이집트 서기들은 직각이등변삼각형에서 한 변과 대각선의 길이가 '동일한 단위 길이로 잴 수 없다(incommensurability)'는 것을 인지했을 것으로 보인다"

참고로 럼킨이나 버낼의 주장이 있기 전 1955년에 T. 댄치그(Dantzig 1955, 49)는 "이집트인들은 대각선 규칙에 대한 일반적인 성질이나, 정리와 관련된 제곱근에 대한 근삿값을 구하는 방법을 가지고 있지 않았다"고 주장했다.

이집트인들은 $\sqrt{2}$의 근삿값을

$$1+1/4+1/7+1/28 \text{ 또는 } 1+1/3+1/12$$

등으로 사용한 것으로 추정한다. G. 로빈스(Robins 1990, 47~48)에 따르면 한 변이 1큐빗인 정사각형에서 대각선 길이(더블 르멘)를 1큐빗 3팜으로, 따라서 1큐빗은 7팜이므로 1(더블 르멘)$=1+\frac{3}{7}$이다. 이때, $1+\frac{1}{7}+\frac{2}{7}$이고 서기가 **〈표 0.1〉**을

이용하면

$$\sqrt{2} \approx 1 + \frac{1}{4} + \frac{1}{7} + \frac{1}{28} \approx 1.428571$$

로 조금은 거친 근삿값을 얻는다. 서기가 이집트의 다른 단위 '작은 큐빗'을 사용하면 1작은 큐빗 = 6팜, 1팜 = 4핑거로부터 대각선의 길이 1작은 큐빗 + 2작은 큐빗 + 2핑거를 얻는다. 따라서

$$\sqrt{2} \approx 1 + \frac{1}{3} + \frac{1}{12} = \frac{17}{12}$$

이다. 특히, $1+1/3+1/12$의 제곱을 단위분수의 합으로 표시하면

$$1+2/3+1/6+1/9+1/8+1/144$$

이고 $2/3+1/6+1/9+1/18=1$이므로 고대 이집트인이 사용한 $\sqrt{2}$의 근삿값의 제곱과 2와의 차이는 $1/144$이다. a, b(여기서, $a\sqrt{2}=b$)가 어떻게 다음과 같은 패턴

$$\frac{1}{1}, \frac{3}{2}, \frac{7}{5}, \frac{17}{12}, \dots, \frac{a}{b}, \frac{a+2b}{a+b}, \dots$$

을 만드는지, 이 패턴을 이용하여 고대 이집트인이 $\sqrt{2}$를 어떻게 접근할 수 있었는지 추정해 볼 것이다(3장 1절 참고).

제 4 절 합리적 논의

본 절에서 우리는 고대 그리스의 수학이 고대 이집트의 영향을 받았을 가능성에 대하여 살펴보았다. "기원전 525년 페르시아의 첫 이집트(프삼티크 3세) 정복 이후 이집트 수학과 천문학은 메소포타미아의 '과학적' 사상에 상당히 영향을 받았다"는 M. 버낼(Bernal 2017, 345)의 주장에 근거하여 일부 수학은 메소포타미아에서 발전되어 이집트를 거쳐 그리스로 들어갔을 개연성을 논하였다.

우리는 다음과 같은 마틴 버낼의 주장을 피타고라스와 플라톤에 초점을 두어 수학에 관하여 논하고자 한다(Bernal 2017, 349).

- 그리스 과학이 존재하기 오래전에 이집트의 의학·수학·천문학에 과학적 요소가 있었다.
- 이집트의 의학·수학·천문학은 그리스의 동일 학문 분과에 중요하게 영향을 미쳤다.

1. 피타고라스와 이집트 짝

이암블리코스(Iamblichus, 250~330)에 따르면 18세에 고향 그리스 사모스를 떠난 피타고라스(572~497 BCE)는 튀르키예 밀레투스(Miletus)에서 활동한 탈레스의 제자가 되었다. 탈레스는 자신이 고령이라 피타고라스에게 이집트로 가서 수학하기를 종용했다고 한다. 특히, 이집트 멤피스와 디오스폴리스(Diospolis, 테베의 옛 지명)의 사제들을 만나기를 권했다고 한다. 피타고라스는 이집트의 신전에서 22년간 머무르면서 천문학, 기하학 등을 수학하였다(Iamblichus 1991, 39). 이집트의 학자들은 대부분 소란스러운 삶에서 멀리 떨어져 안락하고 안전한 신전 생활을 즐겼던 사제들이다.

피타고라스에게 다시 변화가 생긴 것은 이집트가 페르시아에 정복당하면서부터이다. 기원전 525년 아케메데스 페르시아 제국이 이집트(프삼티크 3세)를 차지한 후, 피타고라스는 캄비세스의 군대에 포로가 되어 바빌론으로 압송된다. 캄비세스는 아케메데스 제국의 두 번째 왕이다. 기원전 1000년 무렵 북쪽에서 아리안족이 내려오면서 페르시아 제국이 시작되고, 통일된 페르시아의 첫 번째 왕은 키루스(재위 기간 559~529 BCE)였다. 아케메데스 제국은 기원전 549년에는 소아시아로 진격하여 시리아와 팔레스타인에 이르렀고 기원전 530년에 키루스에 이어 캄비세스가 페르시아의 왕이 된다.

피타고라스가 바빌론에서 머문 12년은 주로 다리우스 1세가 다스리던 시기였다. 그는 수론, 음악, 수리과학을 배워 지식이 최고점에 도달한 56세에 사모스로 돌아간다(Iamblichus 1991, 45). 참고로, 이와 같은 연대에 대하여 J. 딜런(Dillon)과 J. 허시벨(Hershbell)은 기원전 532~531년에 폴리크라테스의 독재를 피하려고 피타고라스가 사모스를 떠났다는 아리스토크세누스의 증언을 바탕으로 이암블리코스의 기록에 의문을 제기하기도 한다(Iamblichus 1991, 45).

이소크라테스(Isokrates, 436~338 BCE)는 "피타고라스는 이집트 방문 중에 그 민족의 종교를 배우는 학생이 되었으며 그리스인에게 처음으로 온전한 철학을 가져다주었다"라고 기록한다(Bernal 2011, 163). 1710년대에 이집트와 동방의 고대성에 대한 공격을 한 I. 뉴턴(Newton, 1642~1727)은 이집트의 건립 연대를 트로이 직전으로 끌어내림으로써 이집트의 중요성을 감소시키고자 노력하였다(Bernal 2011, 64). 1730년대 W. 워버턴(Warburton, 1698~1779)은 "피타고라스가 21년 동안 이집트에서 수학하기는 했지만, 그리스로 돌아온 후에야 자신의 일반원리를 설계했다"고 주장하며 이를 근거로 이집트인들이 가설을 세울 줄 몰랐다고 주장한다. 이러한 그의 주장은 오늘날까지도 하나의 규준으로 남아 있다(Bernal 2011, 289).

그림 2.13 다리우스 1세 정복지(522~486 BCE)

그림 2.14 다리우스 1세 때의 궁사 (510 BCE, Suse)

최근 M. 버낼의 《블랙 아테나 1, 2》가 출간된 이후 R. 팔터(Palter 1993)는 버낼의 주장을 반박하는 논문에서 "피타고라스가 수학적, 종교적 원리를 이집트로부터 배워 그리스로 돌아가 학파를 설립했다는 것은 불가능하다"고 단정 짓고 수학자로서 피타고라스에 관한 그 시기의 전승은 이야기로 전달된 것이 아니라 명백히 조작된 것이라고 주장한다.

플림턴 322나 이집트 짝과 같은 직각삼각형 크기를 피타고라스, 플라톤, 유클리드는 어떻게 구했는지 알아보자.

피타고라스학파는 조약돌로 또는 모레 위에 점을 찍는 것으로 수를 형상화하였다. m이 홀수일 때, $(m^2-1)/2$와 $(m^2+1)/2$과 관련된 이집트 짝을 발견하였다(Kline 1972). 이집트 짝을 피타고라스를 포함하여 플라톤, 유클리드, 디오판토스는 어떻게 사용했는지 알아보자. 기록은 없지만 전해지는 바에 따르면 피타고라스 자신은

$$(2n+1,\ 2n^2+2n,\ 2n^2+2n+1)$$

로, 플라톤은

$$(2n,\ n^2-1,\ n^2+1)$$

로 높이와 빗변의 길이의 차가 1 또는 2인 특별한 짝을 사용했다고 하며 기록에 의하여 유클리드는 기하적 언어를 사용하여 결과적으로

$$(m^2-n^2,\ 2mn,\ m^2+n^2)\ (\text{여기서 } m>n)$$

을 사용하였다(《원론》 10권, 명제 28(Lemma 1); Burton 2007).

Lemma 1 (《유클리드》 10권, 명제 28).

제곱수의 합으로 나타나는 제곱수를 구하여라.

증명 제곱수 $AB = m^2$, $BC = n^2$을 둘 다 짝수이거나 또는 둘 다 홀수라 하면 $AB - BC$는 2의 배수이다. AC의 중점을 D라 하자. 이때 $AB \cdot BC + CD^2 = BD^2$이다. 즉,

그림 2.15 유클리드의 이집트 짝

$$(m^2)(n^2) + \left(\frac{m^2 - n^2}{2}\right)^2 = \left(\frac{m^2 + n^2}{2}\right)^2$$

디오판토스는 《산술》(3권, 19)에서 증명 없이 이집트 짝

$$(p^2 - q^2,\ 2pq,\ p^2 + q^2)$$

을 사용한다. 이와 같은 전개는 이집트 짝을 찾는 충분조건은 아니며, 이는 10세기경 아랍 수학자들에 의하여 완성된다.

2. 피타고라스는 '대각선 규칙'을 발견, 증명했을까?

가) 피타고라스학파와 정오각형

피타고라스 또는 피타고라스학파의 증명 여부는 광범위하게 연구되어 왔는데, M. 클라인(Kline 1972)이 주장하는 대답은 아닐 수 있다는 것이다. 직각삼각형의 대각선 규칙의 증명에서 삼각형의 닮음 성질을 사용하면 상대적으로 쉬운데, 피타고라스학파는 완벽한 닮음비의 이론을 가지고 있지 않았다. 유클리드의 방법(《원론》 1권, 명제 47)은 어려운데 그 이유는 닮음 도형의 성질을 사용하지 않기 때문이다. M. 클라인(Kline 1972, 34)이 제시하는 최상의 가능성은 "특수한 경우의 산술 계산을 토대로 학파의 구성원들이 그 결과를 확신하였으나 논리적인 증명은 기원전 400년경

후기 피타고라스학파에서나 이루어질 수 있었다"이다. T. 댄치그(Dantzig 1955, 29)는 피타고라스 정리의 발견, 증명, 또는 기여 등에 그가 관여했다는 것은 오늘날 가능한 역사적 증거를 동원해도 부정적이라고 주장한다. 직각삼각형 성질은 이미 그가 태어나기 수천 년 전에 중동(Oriental lands)에 학자나 장인들에게 알려져 사용되었다고 주장한다. 더욱이 그의 증명 가능성에 대하여 "다시 말하자면, 만약 수학적 명제의 증명이란 우리가 스스로 명백하다고 받아들이는 가정들을 기반으로 그 논리적 타당성을 확립하는 것을 의미한다면, 피타고라스는 그의 이름을 딴 정리의 증명을 소유하지 않았다. 이는 그 시기에 그런 증명이 그의 이해 범위를 벗어났기 때문이 아니라, 오히려 그가 그의 수비학적 추론(numerological deductions)에서 사용한 방법들로부터 쉽게 알 수 있듯이 이와 같은 성질의 증명에 관심이 없었던 성격 때문이다"라고 설명한다. 메르츠바흐·보이어(Merzbach and Boyer 2011, 45)도 피타고라스학파가 처음으로 증명했다는 추측은 정당화될 수 없다고 말하며 초기 피타고라스학파는 바빌로니아로부터 정보를 얻어 이 정리를 잘 알고 있었다고 설명한다. B. 럼킨(Lumpkin 2004)은 "피타고라스 정리는 피타고라스와 관련된 기록이 없는 것으로 주장하며 이름도 '직각삼각형 정리'라고 불러야 한다"고 주장한다.

아마도 우리 저자들이 전문 서적을 충분히 검토했을 때, 유일하고 가장 우호적인 주장으로서, H. 이브스(Eves 1990, 81)의 주장을 소개할 수 있다. 이브스는 함무라비 시대에 바빌로니아인들은 이 정리를 알고 있었지만 피타고라스가 처음으로 분할법을 사용하여 일반적인 증명을 한 것으로 신중하게 추측한다. 하지만 분할법의 핵심적인 연산인

$$(a+b)^2 = a^2 + b^2 + 2ab\text{와 } (a+b)^2 = c^2 + 4(ab/2)$$

의 증명은 고바빌로니아 점토판 IM 67118 등에서 찾을 수 있다.

나) 히파소스와 정십이면체

히파소스(Hippasus)는 피타고라스 사후에 태어났거나 그가 어렸을 때 피타고라스가 세상을 떠난 것으로 추정되는 피타고라스학파의 일원이다. 그는 황철석(crystal of pyrite)에 관심을 가졌는데, 황철석은 남부 이탈리아에서 출토되기 때문에 히파소스뿐만 아니라 고대 그리스인들이 접할 수 있었다(그림 2.16). 황철석의 크리스털은

각 면이 오각형인 십이면체이다. 피타고라스학파가 정십이면체에 관심을 기울여 크리스털을 수학적으로 분석하려 한 것은 명백해 보인다.

이암블리코스에 따르면, 히파소스는 '정오각형으로 이루어진 구'를 그리거나 만드는 데 처음으로 성공했다고도 하고 다른 구절에서는 정십이면체를 구 안에 내접시키고, 대중에게 이 구조물을 공개했다고 한다. 그런데 이것은 피타고라스학파의 비밀 지식을 공개적으로 알리는 범죄행위로 간주된다고 말한다(Fritz 1945, 246).

그림 2.16 황철석

이에 대하여 K. 포퍼(Popper 2018, 32)는 "히파소스의 일화는 사실 여부를 떠나 피타고라스학파에 감도는 분위기의 특성을 잘 나타내고 있다"고 말한다. 당시 피타고라스 학파는 초기와 다르게 그들의 주장과 위배되는 사실에 비판적 논쟁이나 합리적 논의를 받아들이는 풍토가 없었던 것으로 추정된다. 결과적으로 $\frac{\sqrt{5}+1}{2}$ 나 $\sqrt{2}$ 의 발견은 기하학을 산술화하려는 피타고라스주의자의 계획을 파괴한 것으로 보인다. 이와 관련하여 플라톤의 기하학을 제3장에서도 좀 더 알아볼 것이다.

고대 그리스인들은 정사각형 대각선에서 만들어지는 $\sqrt{2}$ 나 정오각형 대각선에서 만들어지는 $\frac{\sqrt{5}+1}{2}$ 을 대수적 형태로 다룰 수 없었다. 여기서 대수적으로 다룰 수 없었다는 표현은 어떤 뜻일까? 예를 들어, $\sqrt{2}$ 가 유리수가 아니라는 증명을 다음과 같이 소개한다(《원론》 10권, 명제 27).

$\sqrt{2}$가 유리수라고 가정하면, 서로소(relative prime)인 두 자연수 a, b에 대하여 $\sqrt{2}=\frac{a}{b}$로 나타낼 수 있다. 여기서 $2b^2 = a^2$을 얻어 a는 짝수이고 결과적으로 b도 짝수가 되어 모순이다. 따라서 $\sqrt{2}$는 유리수가 아니다.

당시 피타고라스학파는 이 방법을 알지 못했다. 따라서 히파소스는 두 선분의 몫과 나머지를 바탕으로 $\frac{\sqrt{5}+1}{2}$이나 $\sqrt{2}$를 연분수로 다루었다는 것이 정설이다. 이를 자세히 살펴보자.

히파소스 시대에 몫과 나머지는 선분에 적용하는 것을 말한다. 두 선분(정다각형의 한 변과 대각선) ED, EC에 몫과 나머지를 적용하자.

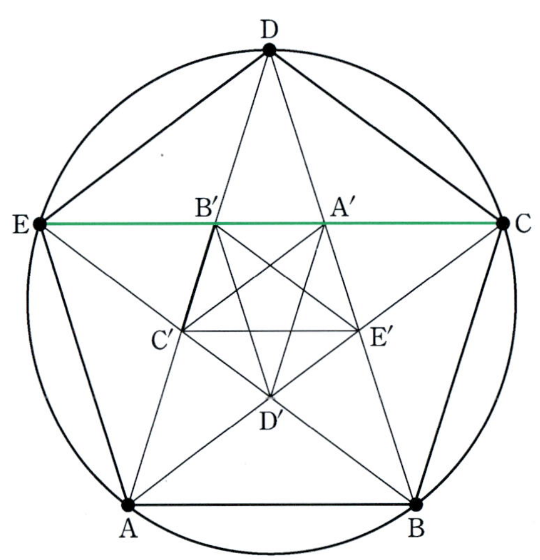

그림 2.17 연속되는 정오각형

$$\frac{\mathrm{EC}}{\mathrm{ED}} = \frac{\mathrm{EA}' + \mathrm{A}'\mathrm{C}}{\mathrm{EA}'} = 1 + \cfrac{1}{\cfrac{\mathrm{EA}'}{\mathrm{A}'\mathrm{C}}} = 1 + \cfrac{1}{\cfrac{\mathrm{A}'\mathrm{C} + \mathrm{B}'\mathrm{A}'}{\mathrm{A}'\mathrm{C}}} = 1 + \cfrac{1}{1 + \cfrac{1}{\cfrac{\mathrm{A}'\mathrm{C}'}{\mathrm{B}'\mathrm{A}'}}}$$

으로 다시 내부 정오각형에서의 한 변과 대각선의 몫과 나머지로 반복된다. 따라서 무한단순연분수

$$\frac{\mathrm{EC}}{\mathrm{ED}} = 1 + \cfrac{1}{1 + \cfrac{1}{1 + \cfrac{1}{1 + \cfrac{1}{1 + \ddots}}}}$$

로 표현된다. 이제 무한단순연분수를 x라 하면 $x = 1 + \frac{1}{x}$이고 따라서 $x^2 - x - 1 = 0$이고 양의 근 $x = \frac{1 + \sqrt{5}}{2}$를 얻는다.

히파소스는 $\mathrm{DE} = \mathrm{DC}'$, $\mathrm{C'A} = \mathrm{C'E'}$ 등이 성립함을 잘 알고 있었을까? 이와 같은 성질을 피타고라스학파가 알려면 $\angle \mathrm{DEC'} = \angle \mathrm{DC'E}$, $\angle \mathrm{C'AE'} = \angle \mathrm{C'E'A}$가 성립함을 각각 알아야 한다. 그러나 이들 각의 크기가 같음은 자명하지 않다. 에우데무스(Eudemus, c.370~c.300 BCE)는 "삼각형의 내각의 합은 직각의 두 배"의 증명을 초기 피타고라스학파의 업적으로 여긴다. 이 정리의 일반화는 "정다각형의 내각의 합은 직각의 $(2n-4)$배"이다. 이와 같은 성질에 기초하여 피타고라스학파는 정오각형에서 180°, 108° 등을 인지할 때, 몫과 나머지를 시행할 수 있다. 이에 대하여 K. 프리츠(Fritz 1944, 259)는 "히파소스가 정오각형의 대각선과 변의 공약불가능성을 입증할 수 있었다는 것을 믿지 않을 이유가 전혀 없다"라고 주장한다.

정사각형에서 한 변과 대각선에 몫과 나머지를 적용하는 것은 정오각형에서 진행하는 것보다 다소 어렵다. 실제로 정오각형에서 대각선을 모두 연결하면 내부에 또 다른 정오각형이 다시 생겨 연분수 입장에서 연속된 분수가 무한히 반복된다는 것을 쉽게 예측할 수 있다(**그림 2.18**). 이와 같은 이유로 우리는 $\frac{1+\sqrt{5}}{2}$가 $\sqrt{2}$보다도 먼저 무리수라는 것이 증명되었다고 추정한다. $\sqrt{2}$를 연분수로 바라보는 테오도로스 이전 히파소스의 시대의 방법을 1886년 크리스털(Crystal)의 아이디어로 추정해 보자(Ostermann and Wanner 2012, 45)

정사각형 ABCD에서 한 변 AB만큼을 대각선 AC에 점 F로 표시하고 AC에 수직인 C 위의 점을 E라 하자. 삼각형 ACD에서 했던 이 작업을 삼각형 CEF에 적용하면 $\mathrm{EF} = \mathrm{EG}$인 점 G를 얻고 이어서 $\mathrm{EC} \perp \mathrm{GH}$인 점 H로부터 직각삼각형 CGH를 얻는다. 이와 같은 작업을 무한히 계속 진행할 수 있다.

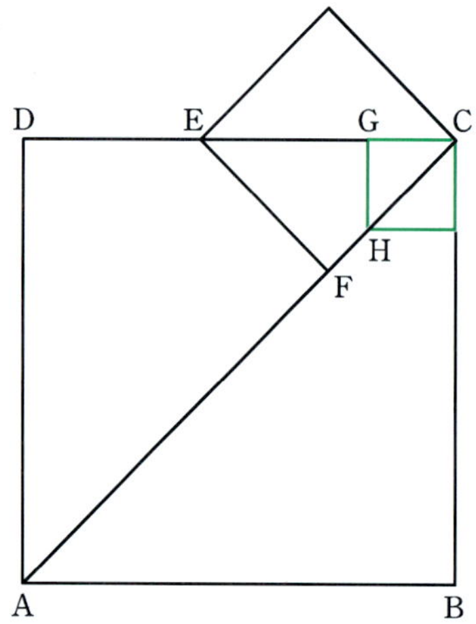

그림 2.18 $\sqrt{2}$ 의 무리수 증명

이때,

$$\frac{\mathrm{AC}}{\mathrm{AB}} = \frac{\mathrm{AF}+\mathrm{FC}}{\mathrm{AB}} = 1 + \cfrac{1}{\cfrac{\mathrm{AB}}{\mathrm{FC}}} = 1 + \cfrac{1}{\cfrac{2\mathrm{EG}+\mathrm{GC}}{\mathrm{FC}}} = 1 + \cfrac{1}{2+\cfrac{\mathrm{FC}}{\mathrm{GE}}}$$

등으로 연속하여 적용할 수 있다. 따라서 다음 무한단순연분수

$$\frac{\mathrm{AC}}{\mathrm{AB}} = 1 + \cfrac{1}{2+\cfrac{1}{2+\cfrac{1}{2+\cfrac{1}{2+\ddots}}}}$$

를 얻는다. 이를 x라 하면 $x = 1 + \frac{1}{1+x}$이고, 따라서 $x^2 - 2 = 0$에서 양의 근 $x = \sqrt{2}$를 얻는다.

참고로 연분수의 표현은 근삿값을 구하는 데 효과적이다. 즉,

$$\sqrt{2} \simeq 1 + \cfrac{1}{2+\cfrac{1}{2}} = \frac{7}{5}$$

로 볼 수 있다. 현대에 와서 보다 정교한 근삿값은 다항함수를 이용한 '테일러 급

수’, 좀 더 보완된 유리함수를 이용한 ‘Padé의 근사식’으로 발전한다.

3. 플라톤과 직각삼각형

플라톤은 피타고라스의 ‘산술’의 중요성과 함께 ‘기하학’의 중요성을 강조한다. 플라톤의 대화록 어디에도 기하학의 중요성에 대한 언급이 명확하게 기록되어 있지 않지만 간접적인 두 가지 기록이 있다.

먼저, 플루타르크는 플라톤이 신을 기하학자로 비유했다고 주장한다(Plutarch’s Moralia Book 8, Chapter 2, Section 1).

> 이러한 담론 이후, 디오게니아누스(Diogenianus)가 말했다. 우리의 담론이 신들에 관한 것이므로, 특히 그의 생일인 오늘날, 우리는 플라톤을 회의에 참가시키고, 그가 (그의 주장이라고 가정할 때) 왜 신을 항상 기하학자로 비유하는지 알아볼까? 나는 이 문장이 그의 책 중 어느 부분에도 명확하게 기록되어 있지 않지만 그 문장이 그의 것이라고 생각하는 데는 타당한 이유가 있으며, 그 문장은 그의 표현과 매우 유사하다.

두 번째는 플라톤 아카데미의 입구에 쓰여 있었다는 구절 “기하학을 모르는 자는 들어오지 못하게 하라”로 부터 아카데미의 수학적 특징을 짐작할 수 있다. 물론 이 구절은 아카데미가 문을 닫은 지 600여 년이 지난 12세기에 비잔틴 작가 J. 트제트제스(Johanes Tzetzes)가 처음으로 한 말이다(Suzuki 2002, 73). 아카데미 입구에 그와 같은 명판(plaque)이 있었는지 그렇지 않은지를 떠나 “플라톤은 기하학을 진정한 지식에 필수적인 학문으로 여겼다”는 것을 강조하는 구절로 피타고라스학파의 산술(Pythagorean number theory)은 충분하지 않아 기하학을 반드시 알아야 한다는 의미로 보인다. 우리가 산술화(arithmetization)라고 부르는 피타고라스학파의 기하학이라고 하는 것은 자연수와 그 비율(rational number)에 대한 이론의 일부로 취급되었다. 예를 들어, 이집트 짝 (3, 4, 5) 또는 (5, 12, 13) 등은 유리수 비율 3:4:5, 또는 5:12:13이다. 이와 같은 상황에서 히파소스의 무리수 발견(예를 들어 $\frac{1+\sqrt{5}}{2}$,

$\sqrt{2}$)은 결과적으로 기하학을 산술화하려는 피타고라스학파의 계획을 무산시켰고 이와 함께 피타고라스학파 자체를 파괴시킨 것으로 보인다. 기하학을 산술화하려는 방법의 붕괴는 기하학이 산술로 환언될 수 없음을 받아들이는 새로운 방법의 발전을 가져왔다. 여기서 중요한 역할을 한 학자가 플라톤이다. 즉, 피타고라스학파의 산술에서 유클리드의 기하학으로 발전하는 데 플라톤의 역할은 중요했다. 우리는 대화록《메논》에서 플라톤이 무리수 $\sqrt{8}$을 산술뿐만이 아니라 기하적으로 어떻게 해석했는지 소크라테스와 노예 소년의 대화에서 확인할 것이다.

플라톤의 아카데미와 다소 연결되어 있던 6명의 주요 수학자들은 테오도로스(Theodorus, 기원전 390년경 활동), 테아이테토스(Theaetetus, 417~369 BCE), 에우독소스(Eudoxus, 408~355 BCE), 메나이크모스(Menaechmus, 기원전 350년경 활동), 디노스트라토스(Dinostratus, 기원전 350년경 활동), 오토리코스(Autolycus, 기원전 330년경 활동)이다. 플라톤의 수학 지식은 소크라테스로부터 배운 것은 아니다. 초기 대화록에서는 수학 내용이 없는 것이 그 증거로 보인다. 플라톤이 수학적인 시각을 갖도록 전환시킨 사람은 의심의 여지가 없이 기원전 388년에 이탈리아 시칠리에서 만난 친구인 아르키타스(Archtas)였다. 아마 거기서 플라톤은 엠페도클레스(Empedocles)의 4원소(불, 공기, 물, 흙)와 연관된 정다면체에 대해 배웠을 것으로 추정한다.

이러한 피타고라스학파의 이해가 다섯 번째이자 마지막인 정십이면체를 우주의 상징으로 보게끔 했을 것이다. 플라톤은 피타고라스학파로 추정되는 티마이오스

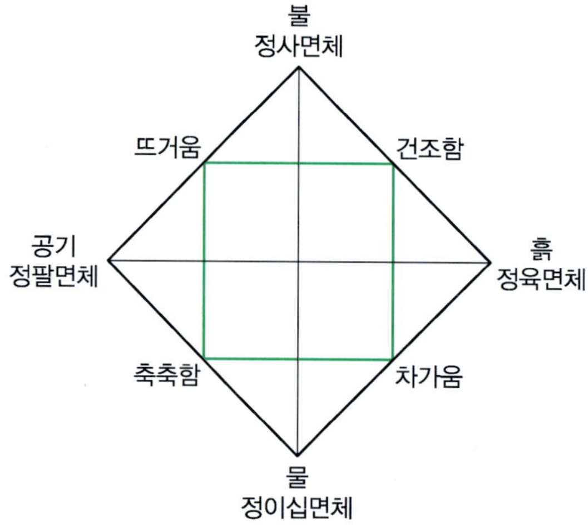

그림 2.19 고대 그리스의 4원소와 정다면체

(Timaeus)를 주요 대화자이자 제목으로 삼아 정다면체에 관한 자신의 생각을 대화록 《티마이오스》에 기술했을 것이다. 실제로 남이탈리아 로크리스(Locris) 출신의 부유한 철학자이자 천문학자인 티마이오스가 실재한 인물인지, 아니면 이탈리아 남부에서 아직도 영향력이 있는 피타고라스학파의 견해를 표현하기 위해 플라톤이 인물을 창조한 것인지는 알려지지 않았다(Merzbach and Boyer 2011, 75).

가) 《티마이오스》

플라톤의 대화록 《티마이오스》는 70세경에 집필한 수리물리학에 기초한 우주론이다. 그는 우주에 대한 설명에서 수학을 광범위하게 사용했지만 방정식을 사용하지 않았으며 대신 기하학이나 등비수열 등을 사용했다. 티마이오스의 수학과 물리학의 연관성을 이해하는 데 중요한 구절은 31b~32b이다. 그가 다루는 '기본 입자(elementary particles)'는 결국 실질적인 물질이 아닌 수학적 형태이다. 피타고라스도 "모든 것은 수이다(All things are numbers.)"라고 주장했듯이, 플라톤 시대에 사용했던 수학적 형태는 4원소인 불, 공기, 물, 흙에 대응하는 네 가지 정다면체(정사면체, 정팔면체, 정이십면체, 정육면체)나 그것들의 표면을 생성하는 삼각형들과 같은 기하학적 형태들이었다. 현대 양자 이론에서도 결국 기본 입자들은 더 복잡한 성격의 수학적 형태일 것임에는 의심할 여지가 없다.

4원소	정다면체	신화	최초 발견
불	4	제우스	바빌로니아
공기	8	헤라	테아이테투스
물	20	네스티스	테아이테투스
흙	6	아이도네우스	고대 이집트
-	12	-	이탈리아

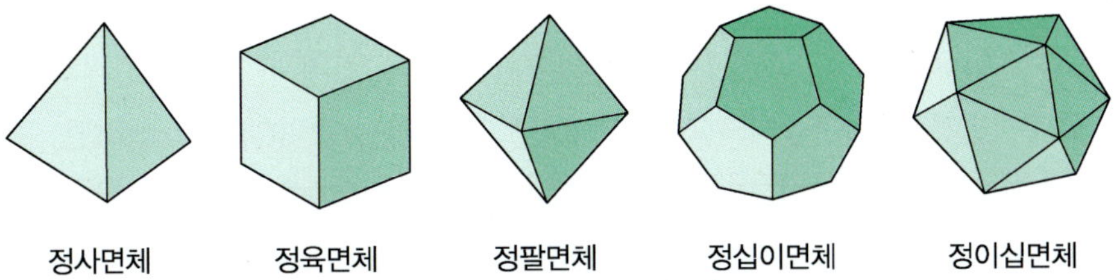

그림 2.20 4원소와 정다면체

G. 제임스(James)는 플라톤이나 아리스토텔레스가 주장하는 4원소론은 이집트로부터 연유된 것이며, 이집트인들은 이미 기원전 5000년경에 이 이론을 다음과 같이 표현했다고 주장한다(James 2015, 80~81).

> 다음의 고대 이론인 "네 가지 특성과 네 가지 원소 이론"의 역사는 (a) 대립 또는 상반되는 원리, (b) 변화 또는 변성, (c) 우주의 생명과 기능이 불, 물, 흙, 또는 공기 네 가지 원소 중 하나와 관련이 있다는 교리의 이집트 기원을 세계에 제시한다.

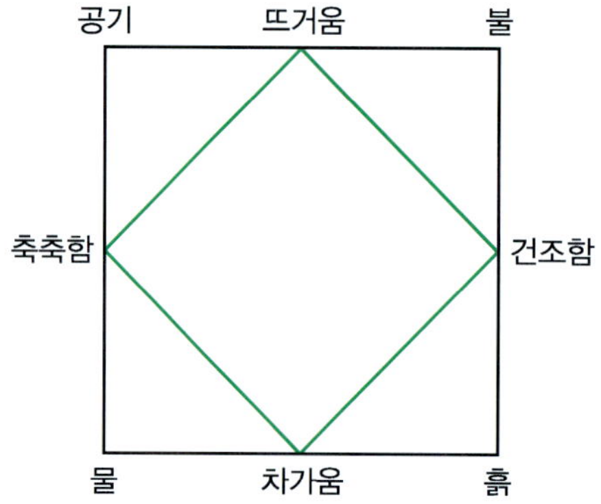

그림 2.21 이집트의 4원소와 네 가지 성질

나) 《테아이테토스》

플라톤은 대화록 《테아이테토스》에서 제곱근을 통해 앎에 대한 비판과 함께 예비적 정의를 시도한다. 소크라테스와 테아이테토스의 대화를 보자(Plato 2013, 82~83).

> 테아이테토스: 여기 계신 테오도로스께서는 제곱근(dynamis)과 관련해서, 즉 3푸스(pous)의 제곱근 및 5푸스의 제곱근과 관련해서 저희에게 작도를 해 주시면서, 제곱근들이, 길이에서 1피트인 변과는 통약(symmetroi)될 수 없다는 것을 보여 주셨고, 17푸스의 제곱근에 이르기까지 각기 하나씩 택하여 그런 식으로 해 주셨답니다. 한데 어찌 된 일인지 거기서 막히셨습니다. 그래서 다음과 같은 생각이 우리에게 떠올랐답니다. 제곱근들이 개수에서

무한한 것으로 드러난 만큼, 그것들을 하나로 모으는 시도를 하여 그것을 가지고서 이 모든 제곱근들을 불러야겠다고 말입니다

플라톤의 대화록《테아이테토스》는 수학자 테아이테토스가 전쟁에서 심한 부상을 당하여 사망한 직후인 기원전 368~367년에 쓰였다. 극 중 시점은 소크라테스가 사망한 기원전 399년이며 테오도로스를 노인으로 묘사하고 있다. 플라톤은 테오도로스가 다음과 같은 수를 유리수가 아니라는 증명을 한 것으로 주장한다(《원론》 10권, 명제 9 참고).

$$\sqrt{3},\ \sqrt{5},\ \sqrt{6}\ ,\sqrt{7},\ \sqrt{8},\ \sqrt{10}$$
$$\sqrt{11},\ \sqrt{12},\ \sqrt{13},\ \sqrt{14},\ \sqrt{15},\ \sqrt{17}$$

테오도로스가 어떤 방법으로 증명했는지, $\sqrt{17}$ 까지만 보인 이유는 무엇인지는 아직 논쟁거리이다. 다만 테오도로스가 $\sqrt{2}$ 를 언급하지 않은 이유는 $\sqrt{2}$ 는 그 이전에 이미 누군가에 의하여 무리수로 증명되었기 때문으로 보고 있다. Fritz(1945, 244)는 피타고라스학파가 무리수로 인지한 시점을 기원전 5세기 중반을 넘지 않는 것으로 본다.

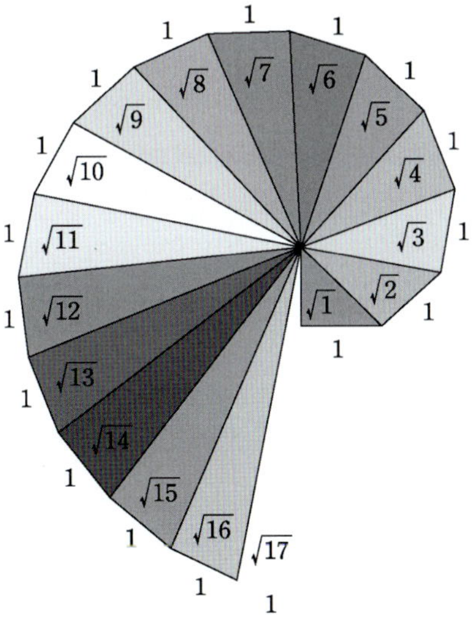

그림 2.22 테오도로스 나선

다) 《메논》

플라톤의 《메논》은 기원전 387~386년에 저술된 것으로 보인다. 소크라테스와 노예 소년과의 대화를 통해 소년의 잘못된 대답을 차례로 기하와 산술 측면에서 비판적으로 검토한다. 그 결과 소년은 $\sqrt{2}$ 라는 길이에 대해 올바른 확신을 갖게 된다 (82a~85b). 다시 말하면, 플라톤은 "$\sqrt{2}$ 란 도대체 무엇인가?" 또는 "대각선이란 도대체 무엇인가?"라는 물음으로 "진정한 앎의 성격은 어떤 것이고 그러한 앎은 어떻게 생겨나는가?"를 기하와 산술로 나누어 다루고 있다.

플라톤은 소크라테스의 입을 빌어 정사각형 ABCD의 변의 길이를 두 배인 사각형을 그린 후 대각선을 이용하여 넓이가 두 배인 정사각형 AJKL을 작도한다 (82a~85b).

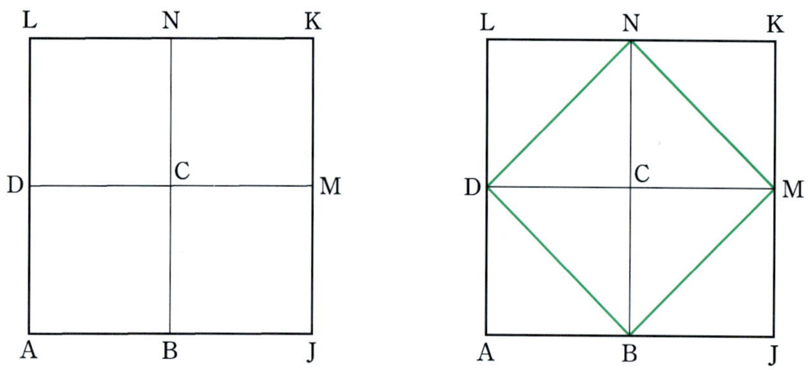

그림 2.23 플라톤의 배적 문제 (기하)

소크라테스: 그렇다면 면적이 같은 여기 네 개의 도형들이 생길 수밖에 없지?

소년: 예.

소크라테스: 그럼 어떻게 될까? 여기 이 전체(AJKL)는 여기 이것(ABCD)의 몇 배가 되지?

소년: 네 배입니다.

소크라테스: 그러나 우리에게 어쨌든 두 배가 되는 것이 생겨나야만 했지, 기억나지 않니?

소년: 기억납니다.

(중략)

소크라테스: 그런데 이 선분을 대각선이라고 기하학자들은 부르지, 메논의 아이야, 네가 말하듯이 이 대각선으로부터 두 배의 도형이 생길 거야.

소년: 물론입니다. 소크라테스.

플라톤은 대각선을 사용하여 세 사각형 ABCD, BMND, AJKL의 넓이 사이의 부등식 $4<8<16$을 세 변 AB, BD, AJ의 길이 사이의 부등식 $2<2\sqrt{2}<4$으로 수치를 언급하지 않고 기하적으로만 보여 주고 있다. 이 과정에서 직사각형의 대각선은 직사각형을 넓이가 같은 두 삼각형으로 분할한다는 사실을 노예 소년이 알고 있는 것으로 받아들이고 대화를 진행한다(Park and Nam 2022).

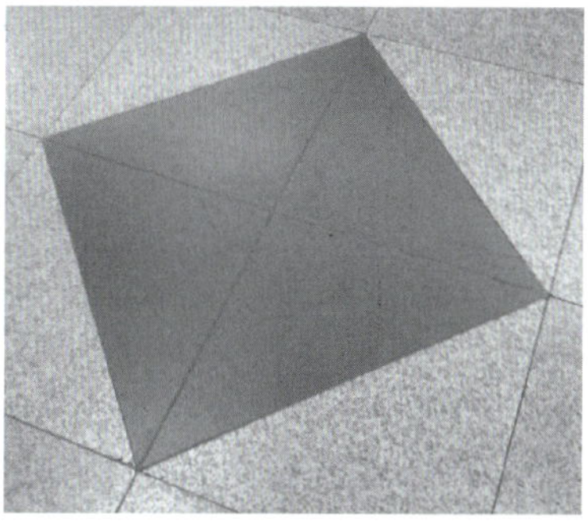

그림 2.24 부평역 보도 타일

우리는 기하적 대화에 대하여 알아보았다. 이에 반하여 플라톤은 82d~84a에서 산술적인 접근을 반복결정법(regular falsi method)을 사용하여 시도한다.

먼저 $AB=2$에서 4의 두 배는 8이다. 처음 노예 소년이 정사각형 AJKD를 택한 것은 $\sqrt{8}$을 4로 택한 것이다. 노예 소년이 $2<\sqrt{8}<4$(83d~83e)을 인지하고 다시 $\sqrt{8}=3$으로 제시하자 소크라테스는 이들의 제곱에서 $8\neq 9$임을 지적한다(83e).

노예: 3푸스입니다.

소크라테스: 그게 정말 3푸스라면, 우리가 이것(AB)의 반을 더할 경우

3푸스(AO)가 되겠지? 왜냐하면 여기 이것(AB)는 2푸스이고 저것(BO)는 1푸스니까. 또한 여기서도 마찬가지로 이것(AD)이 2푸스이고 저것(DQ)이 1푸스이지. 이것이 네가 말하는 도형(AOPQ)이야.

노예: 예.

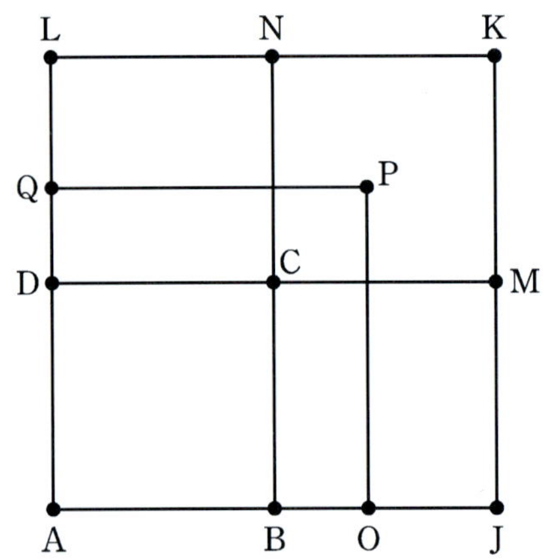

그림 2.25 플라톤의 배적 문제(산술)

(노예 소년은 $\sqrt{8} \neq 3$을 확인한다. 즉, $AO^2 = 9 \neq 8$. 중략)

노예: 결코 생기지 않습니다.

소크라테스: 그럼 어떤 선으로부터 생기겠니? 우리에게 정확하게 말해보렴. 그 선분의 길이를 수로 계산하고 싶지 않다면, 어떤 선분인지 가리켜 봐라.

노예: 그러나, 소크라테스, 제우스께 맹세코, 저로서는 알지 못합니다.

노예 소년은 자연수를 알고 분수(비율)에 대해서는 모르기 때문에 택할 수 있는 수는 정수뿐이다. 따라서 $\sqrt{8}$의 근삿값으로 택할 수 있는 수는 2, 3, 4뿐이다. 이들의 제곱 4, 9, 16은 모두 8과 다르다는 것을 노예 소년은 인식한다. 그 결과 소크라테스와 노예 소년의 대화는 $\sqrt{8} \approx 3$에서 끝을 맺는다.

여기서 독자들은 플라톤이 $AB = 2$로 택한 이유를 알 수 있다. 만일 플라톤이 대화에서 $AB = 1$로 택하면 노예 소년과 산술적 대화를 나눌 수 없다. $AJ = 2$에서 점 O를 AO가 정수가 되도록 노예 소년이 택할 수 있는 수는 없기 때문이다.

소년과 소크라테스와의 대화(82a~85b)가 이루어진 시점은 기원전 402년이고 여기서 사용된 도형은 고대 이집트의 단위 체계 도형과 고바빌로니아 BM 15285의 예이다.

탈레스는 고대 도시 우르를 방문하여 바빌로니아 천문학과 수학을 접했으며(Kitto 2004, 313) 이암블리코스에 따르면 피타고라스는 바빌로니아에 12년간 머물렀다. R. 팔터(Palter)나 O. 노이게바우어(Neugebauer)도 바빌로니아 수학의 고대 그리스 영향을 인정한다, 버낼의 주장 "기원전 525년 페르시아의 첫 이집트(프삼티크 3세) 정복 이후 이집트 수학과 천문학은 메소포타미아의 '과학적' 사상에 상당히 영향을 받았다"에 따라서 이집트를 통한 바빌로니아의 영향을 추정할 수 있다.

예를 들어, 초기 피타고라스학파는 바빌로니아를 통하여 직각삼각형의 성질을 알고 있었다(Merzbach and Boyer 2011, 45). 고바빌로니아인들은 점토판 YBC 7289에서 $\sqrt{2}$를 정사각형의 대각선 길이로 인식하고 이의 근삿값으로 $577/408$을 사용한다. 우리는 플라톤이 이미 언급했듯이 고바빌로니아인들이 사용한 거듭된 근사식

$$\sqrt{2}=\sqrt{\left(\frac{3}{2}\right)-\frac{1}{4}}\fallingdotseq\frac{3}{2}-\frac{1}{2}\frac{2}{3}\frac{1}{4}=\frac{17}{12}$$

$$\sqrt{2}=\sqrt{\left(\frac{17}{12}\right)^2-\frac{1}{144}}\fallingdotseq\frac{17}{12}-\frac{1}{2}\frac{12}{17}\frac{1}{144}=\frac{577}{408}$$

을 알고 있었을 것으로 추정한다(Fowler and Robson 1998, 372~374).

소년과의 대화에서

- $2<\sqrt{8}<4$를 선분의 길이로 인지하고(83d)
- 이로부터 소년은 $\sqrt{8}=3$으로 추정한다.
- 다시 부등식 $8<9$를 검토하고
- 더 좋은 근삿값 $2<\sqrt{8}<3$을 선분의 길이로 인지한다(83e).

의 과정은 플라톤의 배경 지식은 $\sqrt{8}=2\sqrt{2}\fallingdotseq 2\times\frac{577}{408}=\frac{577}{204}$로 앞에서 제시한 $\sqrt{2}$의 근삿값 구하는 과정을 따르거나 직접 다음 과정을 밟을 수 있다.

- 부등식 $\sqrt{8}<3$을 검토하고

$$\sqrt{8}=\sqrt{3^2-1}\fallingdotseq 3-\frac{1}{2}\frac{1}{3}1=\frac{17}{6}$$

• 부등식 $\sqrt{8} < \frac{17}{6}$을 검토하고

$$\sqrt{8} = \sqrt{\left(\frac{17}{6}\right)^2 - \frac{1}{36}} \fallingdotseq \frac{17}{6} - \frac{1}{2}\frac{6}{17}\frac{1}{36} = \frac{577}{204}$$

소년과의 대화는 정사각형의 배적 문제 또는 직각이등변삼각형의 문제이다, 즉, '정사각형의 대각선 길이 $\sqrt{2}$는 작도가능한 무리수'라는 명제를 노예 소년과의 대화로 구성한 것이다. 다항식으로 말하면 기약다항식 x^2-2의 근이 작도가능하다는 것을 보여 준다. 다음에서 이를 삼차다항식으로 옮겨가 보자.

라) 딜리언스 문제(Delians problem, Doubling the cube)

정육면체의 배적 문제는 플라톤 학파에서 연구되었다. 이는 '딜리언스 문제' 로 알려진 "$\sqrt[3]{2}$는 작도가능한가?"의 문제이다.

아테나와 스파르타의 펠로폰네소스 전쟁(431~404 BCE) 2년 차에 역병(loimos)이 발생하여 여러 해 동안 계속되면서 아테네 사람들의 목숨을 앗아갔다. 투퀴디데스가 역병에 대하여 보고했듯이 아테나의 주민들이 성안에서 할 수 있는 일이 없었다(Thoukydides 2013, 2권, 47).

> 신선에 가서 탄원을 해도 신탁에 물어도 그 밖에 그와 비슷한 행위를 해도 소용없기는 매일반이었다. 마침내 사람들은 불행에 압도되어 그런 노력마저 그만두기에 이르렀다.

전염병과 관련된 전설인 '딜리언스 문제'을 D. 웰스(Wells 1997, 17)는 다음과 같이 소개한다.

> 전설에 의하면 아테네 사람들은 도시를 파괴하고 있는 전염병으로부터 그들을 구할 방안을 얻기 위하여 델로스에 있는 예언자에게 대표단을 파견하였다. 아폴로의 제단의 크기를 두 배로 하라는 신탁을 얻는다. 그들은 이 제단은 정육면체로 되어있으므로 각 변을 두 배로 하여 건축하였더니 결과

는 8배가 되어 신의 노여움을 진정시키는 데 실패하였고 전염병은 약해지지 않았다.

체이론(field theory)에서 $x^3 - 2(\in \mathbb{Q}[x])$는 기약다항식(irreducible polynomial)이고 3은 2의 거듭제곱수가 아니므로 $\sqrt[3]{2}$는 작도불가능하다. 본 작도불가능 문제는 세 단계를 밟아 발전한다.

첫 번째 발전은 히포크라테스(Hippocrates, 460~380 BCE)에 의하여 이루어진다. 히포크라테스는 정육면체의 배적 문제를 길이가 주어진 두 개의 선분 a와 $2a$에 대하여 등비수열(geometric progression) $a, x, y, 2a$를 이루는 두 개의 등비중앙 x와 y를 구하는 것으로 변형한다. 즉, $\frac{a}{x} = \frac{x}{y} = \frac{y}{2a}$이다. 환언하면 정사각형의 배적 문제는 1과 2 사이의 한 개의 등비중앙 $1, \sqrt{2}, 2$의 문제이고 정육면체의 배적 문제는 1과 2 사이의 두 개의 등비중앙 $1, \sqrt[2]{2}, \sqrt[3]{4}, 2$의 문제로 귀착된다.

앞서 알아본 고대 이집트의 더블 르멘(double remen)은 한 개의 등비중앙 $1, \sqrt{2}, 2$의 문제이고 특히, 쿠푸왕의 대피라미드의 단면의 반이 만드는 직각삼각형의 세 변의 비 $1 : \sqrt{\phi} : \phi$(여기서 $\phi = (\sqrt{5}+1)/2$)에서 한 개의 등비중앙을 만날 수 있다(Bartlett 2014, 301). 참고로 《아메스 파피루스》 79번을 보면 고대 이집트인들은 등비수열의 합을 $r + r^2 + r^3 + \cdots + r^n = r(1 + r + r^2 + \cdots + r^{n-1})$에 따라 계산하였다(Chace 1979, 112).

두 번째 발전은 메나이크모스(Menaechmus, c.350 BCE)에 의하여 이루어진다. 그는 직원뿔에서 옆면을 수직면으로 잘라 만든 곡선은, 현대 기호로, $y^2 = lx$(여기서 l은 원뿔의 꼭짓점과 자르는 평면 사이의 거리에서 결정되는 상수)라는 것을 얻는다. 메나이크모스는 두 포물선($x^2 = ay$, $y^2 = 2ax$)의 교점 또는 포물선($y^2 = (a/2)x$)과 쌍곡선($xy = a^2$)의 교점으로 배적 문제를 발전시키며 이 과정에서 포물선, 쌍곡선, 의도치 않게 타원을 발견한 것으로 추정된다(Merzbach and Boyer 2011, 84~86).

세 번째 발전은 기원전 250년에 니코메데스(Nicomedes)에 의하여 이루어진다. 그는 각의 삼등분과 정육면체의 두 배 문제를 두 개의 점을 표시한 자를 이용한 작도로 변형시킨다(Baragar 2002). 파푸스(Pappus, 290~350 ADE)는 고대 그리스 작도 문제를 자와 컴퍼스로 해결되는 것을 평면문제(plane), 원뿔곡선으로 해결되는 것을 입체문제(solid)로 분류한다.

플라톤은 히포크라테스의 두 개의 등비중앙(즉, 4개의 항으로 구성된 등비수열)을 {불, 공기, 물, 흙} 4개 항에 적용한다. 따라서 공기에 대한 불의 비율(ratio)은 물에 대한 공기의 비율과 같다. 이를 플라톤은 《티마이오스》(32b)에서 다음과 같이 언급한다.

> 그런데 만약 우주의 몸이 깊이가 없는 평면으로 만들어졌다면 하나의 중앙으로도 중앙과 다른 항들을 충분히 결합할 수 있었겠지요. 그러나 우주의 몸은 입체여야 했고, 입체는 하나의 중앙에 의해서는 절대로 결합하지 않고 언제나 두 개의 중앙에 의하여 결합합니다. 그래서 신은 불과 흙 사이에 물과 공기가 자리 잡게 하고는 그것들이 가능한 최대의 유사한 비율을 유지하도록 만들었지요. 공기에 대한 불의 비율은 물에 대한 공기의 비율과 같고, 물에 대한 공기의 비율은 흙에 대한 물의 비율과 같도록 말입니다. 이렇게 신은 그것들을 한데 묶어서 볼 수 있고 만질 수 있는 우주를 만들었던 것입니다(《티마이오스》 [32b]).

따라서 플라톤이 《티마이오스》에서 밝힌 우주론(31b~32b)은 앞서 언급한 히포크라테스의 수학적 영향으로 보인다.

마) 종이접기

플라톤의 대화록 《메논》(82a~85b)은 색종이 두 장을 한 장의 정사각형으로 만들 수 있는가를 보여준다.

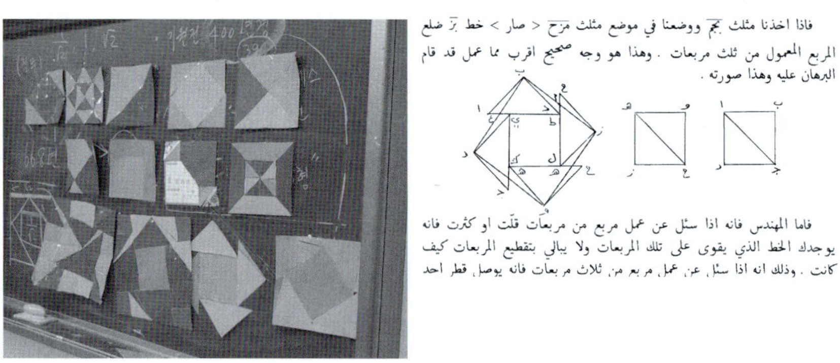

그림 2.26 여러 색종이로 정사각형 만들기

그림 2.26은 색종이 2, 3, 6장으로 큰 정사각형 하나를 만든 학생 작품이다. 특히, 색종이 3장을 한 장의 정사각형으로 만드는 방법은 아블 와파(Abul Wafa, 940~998)의 업적이다.

색종이 5장을 큰 정사각형 하나로 만드는 방법은 $(1, 2, \sqrt{5})$ 직각삼각형에서 대각선 규칙을 그림 2.27과 같이 증명(정당화)할 수 있다.

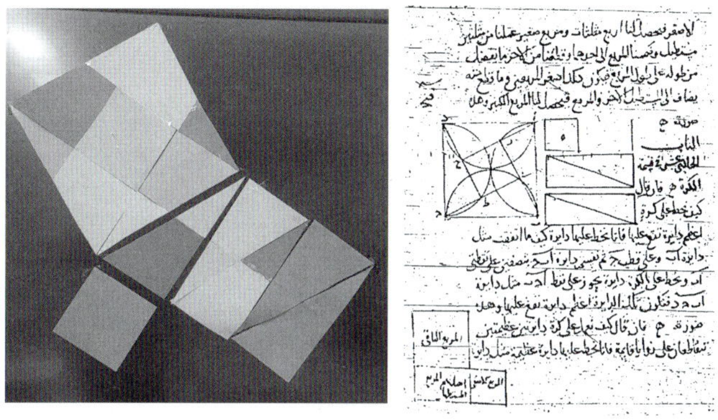

그림 2.27 색종이 5장으로 큰 정사각형 하나 만들기

참고로 그림 2.28은 21가지 다양한 조선시대 조각보이다.

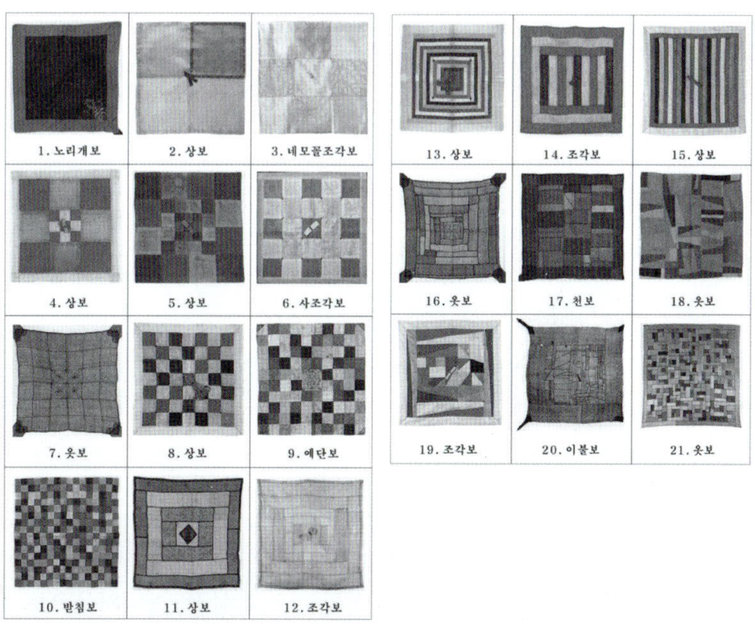

그림 2.28 한국 전통 조각보 (류지영 2005)

바) 플라톤과 직각삼각형

소년과의 대화 직후 메논과의 대화(86e~87b)는 플라톤이 모래 위에서 가느다란 나뭇가지로 도형을 작도한 것을 매우 모호하게 문장으로 표현함으로써 많은 학자 사이에서 소년과의 대화와는 달리 "메논과의 대화에서 사용한 도형이 무엇인가?"가 오랜 기간 논의되어 왔다. 원에 내접하는 삼각형을 위한 필요조건 설정을 메논에게 반복결정법(regular falsi method)으로 설명하고 있다(Park 2022).

> [86e~87b] 만약 이 도형이 이것을 그것에 주어진 선분에 접해 놓을 경우 접해 놓인 이것 자체와 같은 도형만큼 미치지 못하는 그와 같은 것이라면 어떤 것이 따라 나올 것이고 만약 이것들을 겪는 게 불가능하다면 다시 다른 어떤 것이 따라 나올 것으로 내겐 보이오.

소크라테스와 메논과의 대화(86e~87b)에서 플라톤이 가지고 있는 암묵지는 '지름의 원주각은 직각'이라고 우리는 본다. 즉, 원에 내접하는 직각삼각형의 필요조건에 대한 문제로 보인다. 이는 고바빌로니아인들이 점토판 BM 85194(그림 2.6)와 점토판 MS 3050과 관계가 있다고 본다.

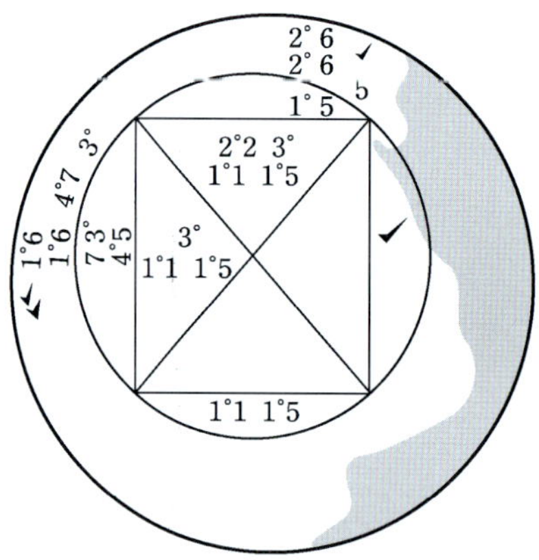

그림 2.29 MS 3050

기원후 1세기 네로 시대에 활동한 여성 이집트 역사가 팜필라(Pamphila)는 "이집트로부터 기하학을 배운 탈레스가 원에 내접하는 직각삼각형을 처음으로 기술했다"고 이야기하고 있다. 아폴로도로스(Apollodorus, c.180~c.120 BCE)는 이를 피타고라스에게 돌리고 있다(Allman 1889, 8). 이와 같은 상황에서 플라톤 역시 원에 내접하는 직각삼각형을 잘 알고 있었던 것으로 가정하는 것이 합리적이라고 본다. 플라톤이 메논의 기하학적 지식을 고려할 때, 용어를 언급할 필요가 없으며 '원에 내접하는 삼각형'으로 문제를 완화한 것으로 보인다. 또한, 처음 주어진 도형을 다각형으로 하여 직사각형, 다시 정사각형으로 옮기려면 유클리드의 《원론》 1권, 명제 45, 명제 14를 연속하여 사용해야 한다. 이를 위해서는 메논이 기하학 지식을 갖추고 있어야 했으며 작도 과정을 모래 위에서 막대기로 메논에게 설명한다는 것 역시 매우 어려운 일이다. 따라서 처음부터 주어진 다각형을 직사각형이나 또는 정사각형으로 시작했을 가능성이 매우 높다.

'주어진 도형', '주어진 선분', '도형만큼 미치지 못하는'의 해석을 어떻게 하느냐에 따라 많은 주장이 있었다. 대화에서 사용된 도형을 모래 위에서 작도했다는 상황, 관련 내용에 대한 플라톤의 암묵지, 메논의 비전문적 기하학의 수준을 고려할 때, 핵심 기하학적 대화를 '주어진 직사각형의 도형을 지름을 따라 놓고 같은 넓이만큼 모자라면 내접하는 삼각형을 작도할 수 있다'로 해석하는 것이 합리적이라고 본다. 도형 X를 직사각형으로 시작하여 한 변을 원의 지름에 놓아 다음 **그림 2.30**처럼 두 점이 원 위에 놓이면 작도를 성공할 수 있고 그렇지 않으면 다른 어떤 결과가 나올 수 있다. 즉, 필요조건을 찾고 있다. 따라서 원을 그리고 나서 다양한 크기의 직사각형작도를 시도해야 한다. 최종 결론에서 메논은 사각형은 대각선에 의하여 이등분된다는 직관적 지식(암묵지)을 사용하고 있다.

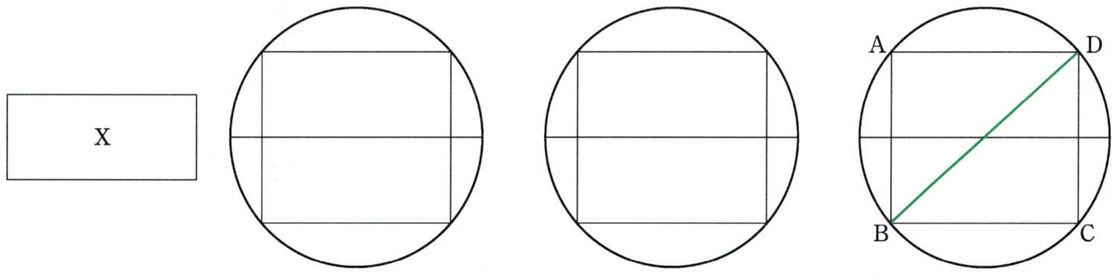

그림 2.30 플라톤과 메논의 대화(86e~87b) 추정 그림(1)

이때, 도형 X의 넓이는 원에 내접하는 직각삼각형 ABD의 넓이와 같으며 플라톤의 암묵지는 '지름(BD)의 원주각은 직각'이다. 유클리드는 이를 《원론》 3권, 명제 31에서 다룬다.

플라톤이 처음 주어진 도형을 정사각형으로 바꾸어 시작한다면 그 결과는 원에 내접하는 직각삼각형이다.

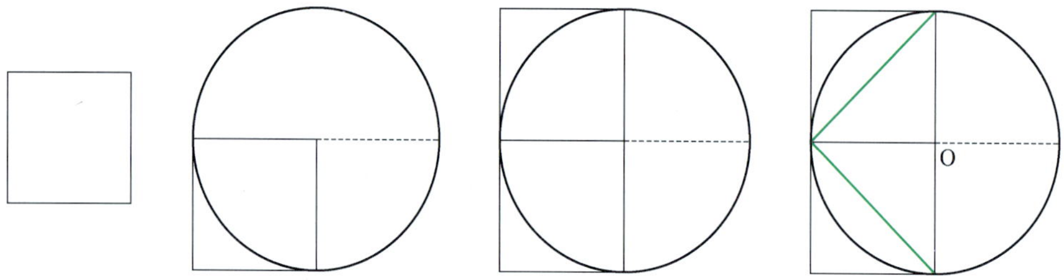

그림 2.31 플라톤과 메논의 대화(86e~87b) 추정 그림(2)

물론 작도를 통하여 직사각형을 정사각형으로 만들 수 있다(《원론》 2권, 명제 14). 직사각형의 한 변을 지름 위에 놓아 위 왼쪽 모서리와 아래 오른쪽 모서리가 원 위에 놓이고 원에 내접하는 삼각형을 얻고 그렇지 않으면 다른 결과를 얻을 것이다.

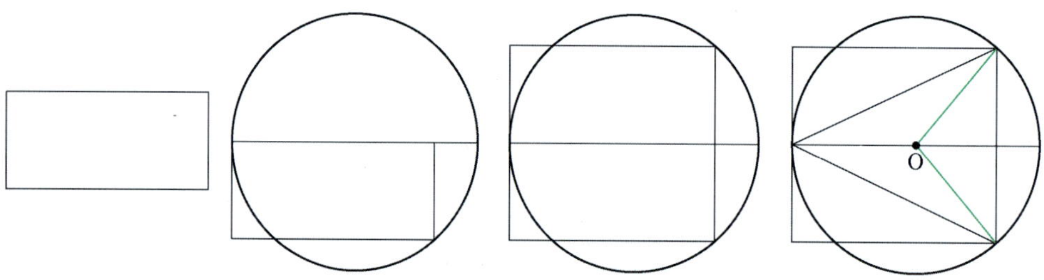

그림 2.32 플라톤과 메논의 대화(86e~87b) 추정 그림(3)

3 장

원주율

(c.3000 BCE~c.1606 BCE)

사고의 수학적 양상

3장에서는 청동기 시대의 원주율과 관련된 기하와 산술을 다룬다. 본 주제와 관련된 청동기 시대 인간 사고의 수학적 양상은 추상화, 모델링, 추론, 논리적 해석, 근삿값으로 볼 수 있다.

교육분야	용어	해당 카테고리
미국 수학교육	사고의 수학적 양상	추상화, 모델링, 추론, 논리적 해석
IB DP 수학교육	12 개념	모델링, 일반화, 근삿값, 관계, 공간
CT 교육	분류	추상화, 알고리즘과 프로그래밍

국제적 소양

이 장에서 원주율의 역사를 청동기 시대 중동지역을 중심으로 알아볼 것이다. 우리는 "왜 인간은 원의 넓이를 필요로 했는가?", "고대 이집트인은 원의 넓이를 왜, 어떻게 정사각형의 넓이로 접근했는가?"를 제기할 수 있다. 마찬가지로 입장에서 "고대 이집트인은 왜 원주를 필요했는지, 어떻게 정사각형 둘레로 접근했는가?"를 제기할 수 있다.

이집트 원주율에 관련된 많은 논쟁이 이어져 왔다. 주요 논쟁에 대한 문제를 인식하는 것도 중요하다고 본다. 알렉산드리아에서 아르키메데스는 이집트인의 접근 방법을 알고 있었는지, 피라미드 건축에 원주율이 사용되었는지, 또는 이집트인이 구의 겉넓이를 구할 수 있었는지에 대한 논쟁은 이어지고 있다. 특히, 수치해석가(numerical analysist)라고도 할 수 있는 아르키메데스가 원주율을 구하기 위하여 어떤 순환 알고리즘을 사용했는지, 예를 들어, 무리수 $\sqrt{3}$ 등을 어떻게 유리수로 접근했는지, 그의 접근 방법이 고바빌로니아의 영향인지에 대한 추론도 매우 흥미로운 것들이다.

매우 어려운 문제 제기로 보이지만, 기원전 2000년 전에 사용된 원주율 3.16이 아르키메데스가 사용한 3.14로 대략 0.02만큼 발전하는 데 왜 2000년 이상이 걸렸는지도 흥미로운 주제이다. 고바빌로니아와 비교해도 기원전 2000년경 고바빌로니아의 원주율 $3\frac{1}{8}$이 아르키메데스의 $3\frac{1}{7}$로 발전하는 데 이토록 많은 시간이 소요되었는지를 탐구해 보는 것도 의미 있다고 본다.

고바빌로니아인은 왜 원주율을 3과 $3\frac{1}{8}$을 사용했는지, 정다각형의 넓이를 표준화하는 데 왜 원주율 3의 원을 사용했는지도 흥미로운 탐구 주제이다. 바빌로니아 수학은 열왕기상이 쓰여진 시기(c.550 BCE)에 영향을 주었는지에 대한 추정도 흥미롭다고 본다. 고대 이집트인의 정사각형화와 다르게 고바빌로니아인은 어떻게 원의 넓이를 구했는지도 의미 있는 탐구 주제이다.

우리는 수학 문화 입장에서 원주율을 바라보았다. 합리적 논의 통하여 우리나라 학생들이 원주율을 주제로 고대 이집트, 고바빌로니아, 고대 그리스의 수학 문화, 동지중해를 통한 문화적 교류 가능성을 합리적으로 논할 수 있기를 바란다.

개념 이해

- 인류는 왜 원의 넓이나 둘레가 필요했는지 알 수 있다.
- 원의 넓이를 정사각형의 넓이로, 원의 둘레를 정사각형의 둘레로 보는 "원의 정사각형화"를 이해한다.
- 원주율을 역사적 맥락으로 이해한다.
- 원주율의 아프리카·아시아적 가치를 알아본다.
- 대화록 《티마이오스》에서 플라톤이 가지고 있는 삼각형의 우주론적 가치를 원주율을 통해서도 알 수 있다.
- 고대 문명이 원주율을 상수로 인식했는지에 대하여 논의할 수 있다.
- 아르키메데스의 업적을 상세히 알 수 있다.
- 거대 문명 사이에서 일어난 수학 문화의 전이를 이해한다.
- 고대 그리스의 고대 이집트나 고바빌로니아로부터의 수학 문화적 차용 또는 접촉의 개연성을 제기할 수 있다.
- 수학이 발견인지 발명인지에 대한 문제를 제기할 수 있다.

지식론

이 장에서 3단계로 제시하는 지식론은 모두 10개이다.

주제1 원기둥의 부피	
1	원의 넓이를 구하는 가장 오래된 기록인 《아메스 파피루스》 41번 문제는 무엇인가?
2	평면도형의 넓이를 정사각형의 넓이로 어떻게 접근했는가?
3	고대 이집트인은 원의 넓이를 어떻게 정사각형의 넓이로 접근했다고 보는가?

주제2 원주	
1	원주를 구하는 가장 오래된 기록인 《모스크바 파피루스》 10번 문제는 무엇인가?
2	평면도형의 둘레를 정사각형 둘레의 길이로 접근하는 이유는 무엇인가?
3	고대 이집트인은 원주를 어떻게 정사각형의 둘레의 길이로 접근했다고 보는가?
주제3 원과 다각형(1)	
1	《아메스 파피루스》 48번 문제는 무엇인가?
2	기존 《아메스 파피루스》의 서술과의 차이점을 알아보고 48번 문제를 아르키메데스의 방법과 비교해 보자.
3	아르키메데스는 아메스의 방법을 알고 있었을까?
주제4 W. 페트리의 원주율 가설	
1	《모스크바 파피루스》 10번 문제와 W. 페트리의 가설은 무엇인가?
2	W. 페트리의 원주율 가설을 동적 조화로 작도할 수 있는가?
3	쿠푸왕의 대피라미드 건축에 원주율이 사용될 가능성이 있는가?
주제5 원과 다각형(2)	
1	아르키메데스의 《원의 측정》에서 그가 사용한 알고리즘을 무엇인가?
2	그의 최종 결론은 무엇인가?
3	일반적인 외접 다각형과 내접 다각형으로 원주를 근사할 수 있는가? 이에 대한 문제점을 아르키메데스가 알고 있었을까?
주제6 아르키메데스의 근삿값	
1	아르키메데스는 《원의 측정》에서 왜 $\sqrt{3}$ 을 만났는가?
2	그는 $\frac{265}{153} < \sqrt{3} < \frac{1351}{780}$ 을 어떻게 얻었을까?
3	그의 방법은 바빌로니아의 영향을 받았을까?
주제7 고바빌로니아의 원주율(1)	
1	표준화된 정오각형, 정육각형, 정칠각형은 무엇인가?
2	원주율 3을 도입한 이유는 무엇인가?
3	정다각형을 표준화한 이유는 무엇인가?
주제8 고바빌로니아의 원주율(2)	
1	수사인이 구한 '(정육각형 둘레)/(외접원의 둘레)'는 무엇인가?
2	왜 정육각형을 선택했을까?
3	어떻게 원주를 측정했을까?
주제9 고바빌로니아인의 원의 넓이	
1	고바빌로니아인의 원의 넓이를 어떻게 구했는가?

2	(원의 넓이)/(외접 정사각형 넓이)=3/4로 본 이유는 무엇인가?
3	고대 이집트와 고바빌로니아인의 방법은 어떻게 다른가?
주제10 솔로몬과 원주율	
1	성경(열왕기상 7: 23-26, 역대하 4:2-5)과 탈무드(Eruvin 14a, 56b, 76a)에는 원주율이 어떻게 기록되어 있는가?
2	성경의 원주율을 3으로 보는 것이 타당한가?
3	성경의 원주율에 바빌로니아의 영향을 논할 수 있는가?

선행지식

- 원의 넓이
- 원주
- 원주율
- 근삿값
- 부등식
- 삼각비

교사의 암묵지를 위한 주제와 주요 참고문헌

- 순환 알고리즘
- 플라톤의 《메논》, 《국가》, 《티마이오스》, 《테아이테토스》
- 동적 조화
- 정육각형의 작도
- 근삿값
- 고대 문명의 특징

제 1 절 고대 이집트인의 원주율

1. 《아메스 파피루스》와 《모스크바 파피루스》

이집트 수학의 근본 개념 중 하나는 이차원에서의 곡선으로 둘러싸인 도형, 삼차원에서 곡면으로 둘러싸인 도형을 직선 또는 평면으로 둘러싸인 도형으로 변형시키는 정사각형화이다. 예를 들어, 《아메스 파피루스》의 문제 41, 42, 43, 48, 50번에서는 원의 넓이를 정사각형의 넓이로 접근하였다. 42번의 경우만 지름을 10으로 사용하고 다른 경우는 모두 9로 사용했다. 《모스크바 파피루스》 문제 10번도 원에 관한 것인데, (반)원기둥의 겉넓이에 관한 것인지 (반)구의 겉넓이에 관한 것인지에 대한 논쟁이 1929년 이후 지속되어 왔다. 2010년 이후에는 반원기둥 모양의 바구니의 겉넓이를 구하는 문제로 보고 있다. 따라서 문제 10번은 원주를 정사각형 도형의 둘레로 보는 고대 이집트 수학의 특징을 잘 보여주는 또 다른 문제이다. 고대 이집트의 원 넓이와 원주를 정사각형화하는 문제는 고왕국(2680~2134 BCE)이나 초기 중왕국(2040~1640 BCE) 시대에 동일한 주제로 같이 연구된 것으로 추정할 수 있다.

원기둥의 부피와 겉넓이를 각각 다루는 《아메스 파피루스》 41번 문제와 《모스크바 파피루스》 10번 문제는 이집트 수학의 수준을 추정하는 데 커다란 논란을 일으키는 문제이다. 따라서 수학교육에서 합리적 논의를 위한 매우 훌륭한 주제로 보인다.

2. 원의 넓이

인간은 왜 원의 넓이를 구하기 시작했을까?

기록을 바탕으로 살펴보자. 원의 넓이와 관련된 현존하는 가장 오래된 기록은 원기둥 모양의 곡물 통(cylindrical granary)의 부피를 구하는 《아메스 파피루스》 문제 41번이다. 이로부터 고대 이집트인은 원기둥의 부피를 구하기 위하여 원의 넓이를 구했다고 추측할 수 있다. 이를 뒷받침하는 증거를 신왕국 아크나톤(Akenaten)이테베보다 하류에 있는 아마르나(Amarma)에 건설한 새로운 수도에서 찾을 수 있다. 고고학자들이 제시한 관료 주택 건물 복원도를 보면 곡물을 보관하기 위해 원형 저장소가 있다. 원기둥 모양의 곡물 저장 통을 사용한 이들은 곡물의 양을 알기 위해 원기둥의 부피를 구해야 했고 따라서 원의 넓이를 구할 필요가 있었던 것이다 (Scarre and Fagon 2015, 222).

고대 이집트에서 전해지는 원기둥 모양의 물건이 또 있다. 그림 3.2는 기원전 15세기에 고대 이집트인이 만든 문구류를 담는 필통이다. 재질이 파피루스라 원기둥 모양으로 만드는 것이 매우 자연스럽다.

그림 3.1 아마르나에서 발굴된 원기둥 모양의 곡물 저장 통

그림 3.2 고대 이집트인의 필통 (기원전 15세기, 루브르 박물관)

고대 이집트인들이 원기둥 모양의 곡물 통만을 사용한 것은 아니다. 《아메스 파피루스》의 문제 44, 45, 46번에서 직육면체 모양의 곡물 통의 부피도 다루고 있다 (Chace 1979). 그러나 문제 41번은 아메스가 원의 넓이를 다루는 문제 중에 가장 처음으로 등장하는 문제이므로 고대 이집트인이 원기둥 모양의 곡물 통의 부피를 구하기 위해 원의 넓이를 필요로 하였다는 추측은 매우 타당하리라 본다.

이제 인류가 남긴 원의 넓이에 관련된 가장 오래된 문제인 《아메스 파피루스》 문제 41번을 알아보자(Chace 1979).

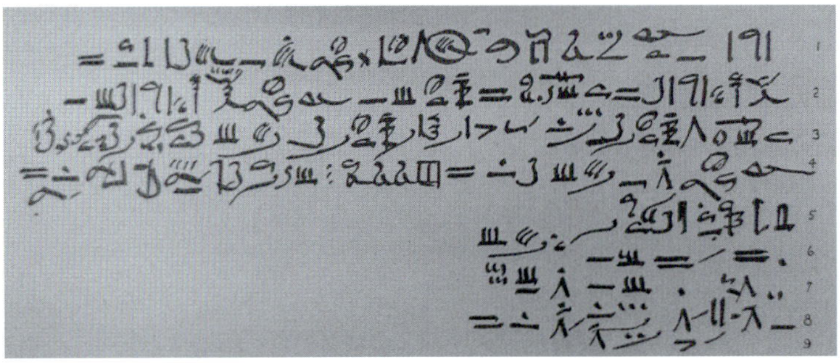

그림 3.3 《아메스 파피루스》 문제 41

문제 41 지름이 9이고 높이가 10이 원기둥 모양 곡물 통의 부피를 구하여라.

풀이 원의 넓이를 구한 후에 높이를 곱하여 원기둥의 부피를 구한다. 지름의 1/9 만큼, 즉 1을 빼면 8이 남는다. 8 곱하기 8을 하면 64이다. 64에 10을 곱하면 640(세제곱 큐빗)이다.

이집트인들은 원의 넓이를 두 단계로 구하였다.

단계 ① 지름이 d인 원이 있다. 지름에서 1/9만큼을 제외한다.

$$d-\frac{d}{9}=\frac{8}{9}d \Rightarrow \frac{8}{9}\times 9=8$$

단계 ② 원의 넓이는 앞에서 구한 값을 한 변의 길이로 하는 정사각형의 넓이로 한다.

$$\left(\frac{8}{9}d\right)^2 \Rightarrow \left(\frac{8}{9}\right)^2\times 8^2=64$$

문제 41번에서 아메스는 원의 넓이를 주어진 지름의 크기와 관계없이 '지름의 1/9 만큼'을 제외한 나머지 길이를 한 변으로 한 정사각형의 넓이로 구했다. 우리는 이를 '원의 정사각형화(squaring the circle)'라 부른다.

아메스가 지름의 1/9만큼을 제외한 이유에 대한 기록은 아직 어느 고대 이집트 사료에서도 발견되지 않고 있다. 다만 '고대 이집트인의 원의 넓이 알고리즘'은 원의 넓이와 원의 외접하는 정사각형의 넓이의 비가 원의 크기와 관계없이 상수 64/81라는 것을 말한다. 이와 관련된 증명은 기원전 300년경 유클리드의 《원론》 12권, 명제 2에서 찾을 수 있다.

3. 고대 이집트인의 원의 넓이의 정사각형화

《아메스 파피루스》 문제 41번에 이어 원의 넓이에 관한 문제가 이어진다. 문제 42번도 원기둥 모양의 곡물 통의 부피를 구하는 문제로 지름은 9가 아닌 10이다. 문제 50번은 3차원이 아닌 2차원 문제로 들판에 있는 원 모양의 땅의 넓이를 구하는 문제이다(Chace 1979).

문제 50 들판에서 지름의 길이가 9 khet인 원의 넓이는?

풀이 지름의 길이의 1/9만큼, 즉 1을 빼면 8이 남는다. 8 곱하기 8을 하면 64이다.

이 문제로부터 고대 이집트인들이 왜 지름의 1/9만큼을 제외하여 원의 정사각형화를 했을지 추론해 보자.

가) 엔겔스의 추론

H. 엔겔스(Engels 1977)는 **그림 3.4**로 그 이유를 3단계로 접근하여 제시한다.

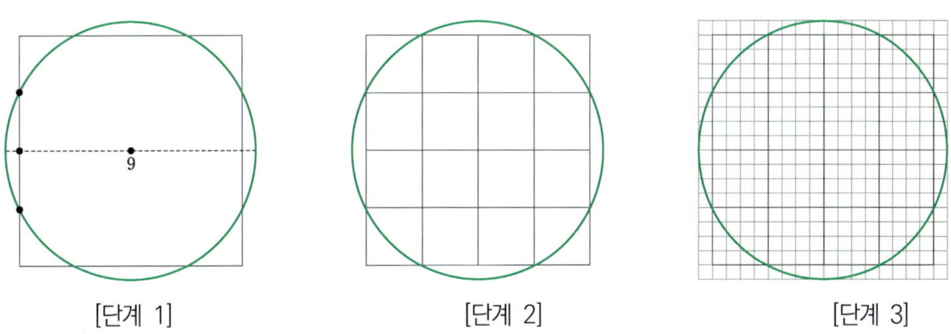

그림 3.4 엔겔스의 추론

[단계 1]에서 정사각형의 각 변을 4등분하고, [단계 2]에서 각 교점을 연결하면 작은 정사각형이 16개 생긴다. [단계 3]에서 정사각형 밖으로 나간 지름의 일부는 [단계 2]의 작은 정사각형의 한 변의 길이를 4등분한 길이와 매우 유사하다. 즉, 지름의 길이를 18로 볼 때 처음 정사각형의 한 변의 길이는 16으로 볼 수 있다. 따라서 원의 넓이는 한 변의 길이를 지금의 2/18만큼 또는 1/9만큼을 제외한 정사각형의 넓이와 같은 셈이다.

나) 로빈스와 슈트의 추론

아메스는 주로 지름을 9로 사용하여 정사각형의 변의 길이를 8이 된다. 이로부터 G. 로빈스(Robins)와 C. 슈트(Shute)는 $4-8-9$ 삼각형이 직각삼각형에 매우 가깝기 때문으로 추정한다(Robins and Shute 1987, 44~46).

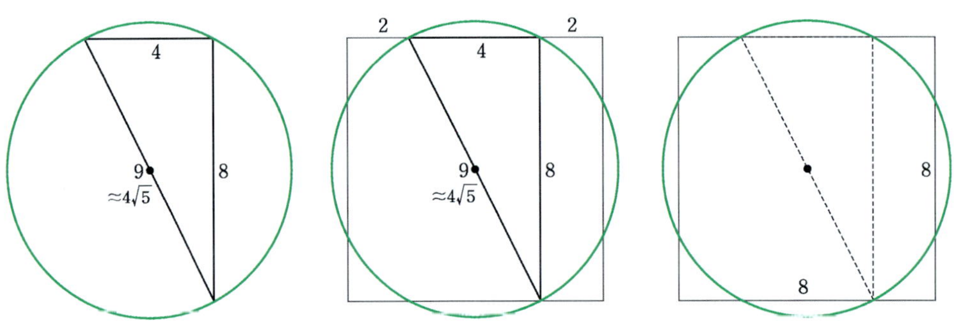

[단계 1] [단계 2] [단계 3]

그림 3.5 로빈스와 슈트의 추론

그림 3.5의 [단계 1]에서 먼저, 밑변과 높이가 4, 8인 직각삼각형을 생각해 보자. 이때 대각선 규칙에 의하여 빗변의 길이는 $\sqrt{80}$이고 근사적으로 $\sqrt{80} \fallingdotseq \sqrt{81} = 9$이다. 따라서 고대 이집트인들은 직각삼각형의 빗변의 길이를 9로 사용하였다고 추정된다. 이제 빗변의 중점을 잡아 삼각형 각 꼭짓점을 연결하는 원을 그리면 지름이 9인 원에 한 변의 길이가 8인 정사각형을 얻는다. 이때 원은 수평 지름과 함께 한 변을 4등분한다. 4-8-9 삼각형을 이용해서 정사각형의 한 변을 4등분하는 것이 얼마나 원의 넓이를 구하는 데 효과적인지 확인하기 위하여 한 변의 길이가 12인 정사각형으로 3등분과 4등분의 경우를 비교해 보자.

아래 그림은 한 변의 길이가 12인 정사각형에서 변의 3등분점, 4등분점의 양 끝점을 지나는 원이다.

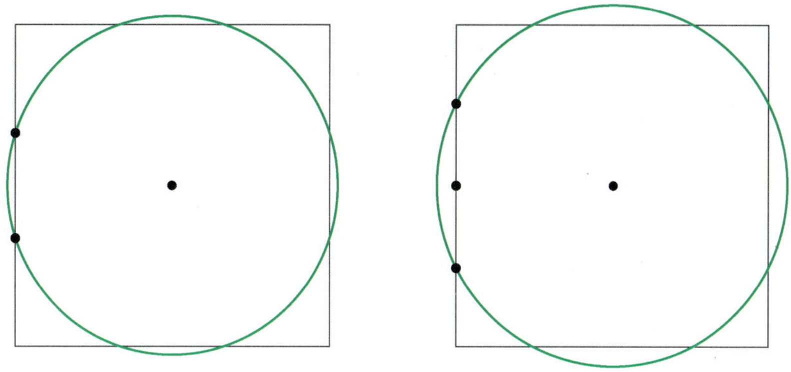

그림 3.6 3등분선의 원과 4등분선의 원

그림 3.6에서 원과 정사각형의 넓이의 차이는 3등분의 경우보다 4등분의 경우가 상대적으로 더 작아 보인다. 이를 계산으로 비교해 보자. 3등분과 4등분을 함께 비교하기 위하여 한 변이 12인 정사각형을 그린다. 먼저 3등분의 경우 $r^2 = 2^2 + 6^2 = 40$이므로 원의 넓이는 $\pi r^2 = \pi \times 40 \fallingdotseq 125.6$이고 정사각형의 넓이는 $12^2 = 144$이다. 반면 4등분의 경우에는 $r^2 = 3^2 + 6^2 = 45$에서 원의 넓이는 $\pi r^2 = \pi \times 45 \fallingdotseq 141.3$이므로 한 변을 4등분하는 것이 효과적이라는 것을 알 수 있다.

물론 이와 같은 추론이 타당해지려면 고대 이집트인들이 대각선 규칙을 잘 알고 있었다는 경쟁력 있는 '상황의 증거'가 필요하다. 그러나 제2장에서 알아본 베를린 파피루스 6619, 더블 르멘과 르멘, 세케드, 그리고 이집트 짝 등으로부터 고대 이집트인들이 대각선 규칙에 대한 풍부한 지식을 가지고 있다고 추정한다(Park 2020).

4. 고대 이집트인의 원주의 정사각형화

인간은 왜 원주를 구하기 시작했을까?

기록을 바탕으로 살펴보자. 원주와 관련된 현존하는 가장 오래된 기록은 반원기둥 모양의 바구니의 겉넓이를 구하는 《모스크바 파피루스》 문제 10번이다. 이로부터 고대 이집트인은 (반)원기둥의 겉넓이를 구하기 위하여 원주를 구했다고 추측할 수 있다.

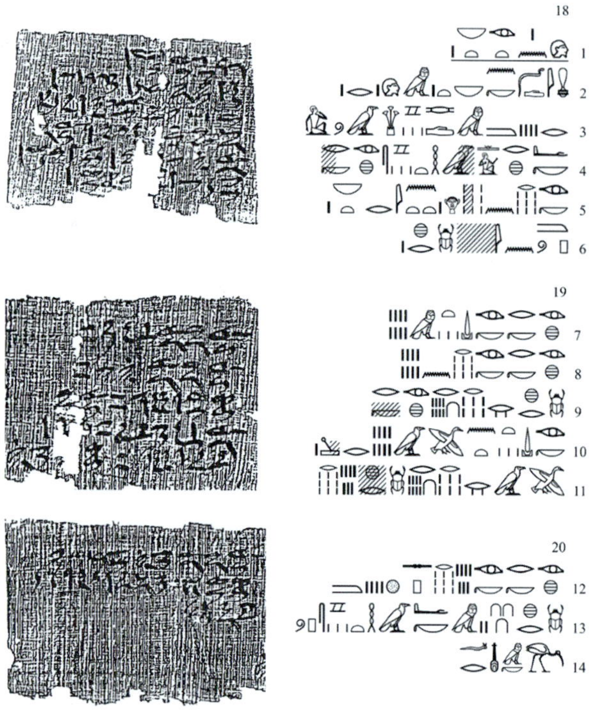

- 1, 2, 3줄: 지름이 $d = 4\frac{1}{2}$이고 높이가 $h = 4\frac{1}{2}$인 반원기둥이 있다.
- 4줄: 겉넓이를 구하여라.
- 5, 6, 7줄: $\frac{8}{9} \times 2d$을 구하여라.
- 8, 9, 10, 11줄: $\frac{8}{9}\times\left(\frac{8}{9}\times 2d\right)$를 구하면 $7\frac{1}{9}$
- 12, 13줄: 높이를 곱하면 320이다.

그림 3.7 《모스크바 파피루스》 문제 10번과 L. 쿠퍼(Cooper)의 번역. (2010)

L. 쿠퍼는 문제 10번의 물체를 반원기둥 모양의 바구니로 해석하였지만 이것에 대한 해석은 분분했다. 1920년대부터 반구인지 반원기둥인지 각각 다르게 해석되어 왔다(Miatello 2013). T. 피트(Peet, 1931)는 바구니를 반원기둥으로 해석했는데, R. 길링스(Gillings 1975, 200)는 반구로 해석했다. 해석이 분분한 이유는 첫째 줄 'method of calculating a $nb.t$.'의 해석 때문인데, R. 길링스에 따르면, 반구 모양의 소쿠리는 이집트인들이 흔히 사용한 모양이므로 반구의 겉넓이를 생각한 것은 우연이 아니라고 했다.

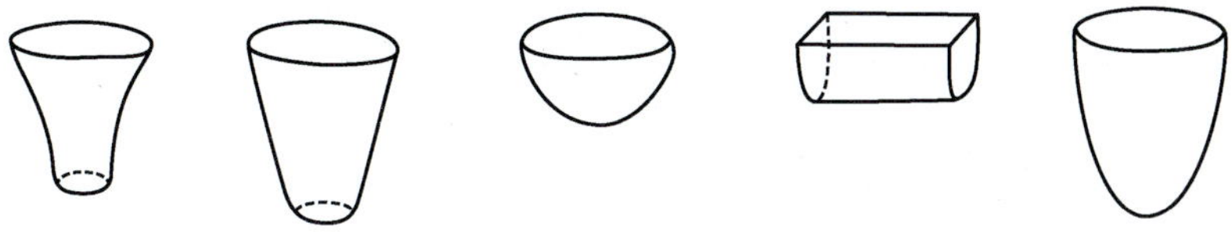

그림 3.8 고대 이집트인의 바구니

이에 반하여 L. 쿠퍼(Cooper 2010; 2011), L. 미아텔로(Miatello, 2013) 등은 바구니($nb.t$)를 반원기둥 모양으로 해석했다(**그림 3.8**, **3.9**). 문제 10번에서는 반원기둥의 지름(d)과 높이(h)가 같으므로 반원기둥의 겉넓이$(\pi r)h = \pi r(2r)$와 반구의 겉넓이 $4\pi r^2 \times \frac{1}{2} = 2\pi r^2$이 같아 논란이 지속된 측면도 있다.

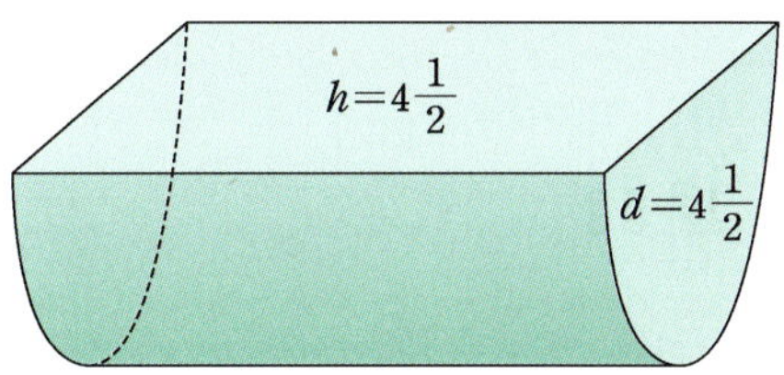

그림 3.9 지름과 높이가 같은 뚜껑 없는 반원기둥

최근의 논문을 바탕으로 하면 바구니의 모양은 반원기둥으로 해석하는 것이 타당하다. 이 해석에 기반하여 고대 이집트인이 원주를 정사각형의 둘레로 어떻게 접근하는지 알아보려고 한다. 이 접근에서는 고대 이집트인은 원을 다룰 때, 반지름이 아닌 지름을 언급하는 것에 주목해야 하며, 원기둥의 부피를 다룬 《아메스 파피루스》 문제 41번과 반원기둥의 겉넓이를 다룬 《모스크바 파피루스》 문제 10번을 동일한 틀에서 살펴보는 것이 합리적이다. 이 두 문제는 기록물로 보았을 때, 대략 1859~1814 BCE와 2119~1794 BCE의 것으로 고대 이집트인은 원기둥의 부피와 겉넓이를 거의 동시대에 연구한 것으로 보는 것이 타당하다.

이제 《모스크바 파피루스》 문제 10번을 통하여 고대 이집트인이 원주를 정사각형의 둘레로 본 알고리즘을 알아보자. L. 쿠퍼의 번역에 기초하면 고대 이집트인은 지름이 d인 반원 둘레는 다음 두 단계를 거쳐 구했다.

단계 ① 원의 지름 d의 두 배 $2d$를 택한다.

단계 ② 2회 연속하여 1/9만큼을 제외한다. 즉 $2d$에서 1/9만큼을 제외하면

$$\left(2d-\frac{2d}{9}\right)=\frac{8}{9}\times 2d$$

이고, 다시 이것의 1/9만큼을 제외하면 반원 둘레는

$$\frac{8}{9}\times 2d-\frac{8}{9}\times 2d\times\frac{1}{9}=\frac{8}{9}\times\left(\frac{8}{9}\times 2d\right)$$

이다.

여기서 고대 이집트인이 왜 1/9만큼을 두 번에 걸쳐 적용했는지를 현대적 이론과 비교해 보자. 먼저, 현대적 시각에서 지름이 d인 원에 대하여 넓이가 같은 정사각형과 둘레가 같은 정사각형을 각각 도입하여 이들 두 정사각형의 한 변의 길이가 어떻게 변하는지 살펴보자.

지름이 d인 원의 넓이는 $\pi\left(\frac{d}{2}\right)^2=\frac{\pi}{4}d^2$이므로 넓이가 이 원과 같은 정사각형의 한 변의 길이는 $\frac{\sqrt{\pi}}{2}d$이다. 이 원의 원주는 πd이므로 둘레의 길이가 이 원과 같은 정사각형의 한 변의 길이는 $\frac{\pi}{4}d$이다. 이 둘을 비교하면 넓이가 서로 같은 원과 정사각형에서 정사각형의 한 변의 길이는 $\frac{\sqrt{\pi}}{2}d$, 둘레의 길이가 서로 같은 원과 정사각형에서 정사각형 한 변의 길이는 $\frac{\pi}{4}d$, 즉 $\left(\frac{\sqrt{\pi}}{2}\right)^2 d$이다.

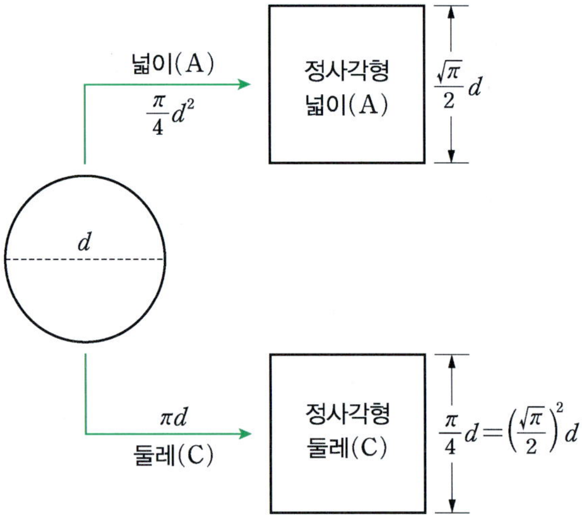

그림 3.10 현대 수학의 넓이의 정사각형화, 둘레의 정사각형화

따라서 《아메스 파피루스》 40번에 의하면 고대 이집트인은 지름이 d인 원의 넓이는 한 변의 길이가 $\frac{8}{9}d$인 정사각형의 넓이로 접근하였고, 《모스크바 파피루스》 10번에 의하면 원주는 한 변의 길이가 $\left(\frac{8}{9}\right)^2 d$인 정사각형의 둘레로 접근했다.

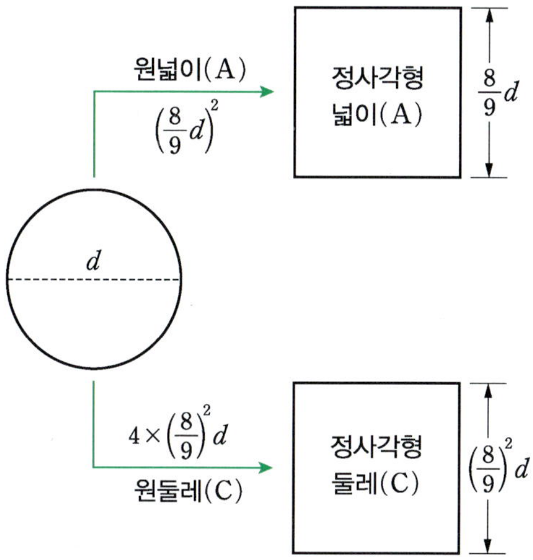

그림 3.11 고대 이집트인의 넓이와 둘레의 정사각형화

따라서 고대 이집트인의 원주율은 원의 넓이 $\left(\frac{8}{9}\right)^2 d^2$을 말하는 《아메스 파피루스》 41번을 사용하는 것보다 원주 $4\left(\frac{8}{9}\right)^2 d$를 말하는 《모스크바 파피루스》 10번을 사용하여 표현하는 것이 더 합리적이다. 즉,

$$\pi_{Egypt} = \frac{\text{원주}}{\text{지름}} = \frac{4(8/9)^2 d}{d} = \left(\frac{16}{9}\right)^2 \fallingdotseq 3.16$$

C/d는 지름 d의 영향이 없는 상수이며 $C/d = A/r^2$로 표현된다.

L. 쿠퍼의 번역에서 반원기둥 바구니의 겉넓이 A는

$$A = \frac{1}{2}\times\left(\frac{16}{9}\right)^2 \times dh$$

로 쓸 수 있고 $\pi_{Egpyt} = \left(\frac{16}{9}\right)^2$이므로 반원기둥 모양의 바구니의 겉넓이

$$A = \frac{1}{2}\pi_{Egypt}dh$$

를 얻는다(Cooper 2010; Gillings 1972).

《모스크바 파피루스》 문제 10번은 반원기둥의 부피를 구하는 과정에서 반원 둘레를 구하였다. 이를 원기둥으로 확장시키면 고대 이집트인들의 원주를 구하는 알고리즘은 지름의 네 배인 $4d$에서 1/9씩 두 번 제외하면 된다.

[고대 이집트인의 원주 알고리즘](Cooper 2011; Miatello 2013)

> 지름이 d인 원이 있다.
>
> **단계 ①** 지름의 네 배 $4d$에서 1/9만큼을 제외한다.
>
> $$4d\times\frac{8}{9}=\frac{32}{9}d$$
>
> **단계 ②** $\frac{32}{9}d$에서 다시 1/9만큼을 제외한 $\frac{32}{9}d\times\frac{8}{9}=\left(\frac{16}{9}\right)^2d$가 원주이다.

《모스크바 파피루스》 10번에서 사용된 지름 $d=4\frac{1}{2}$로 하여 원주를 구하는 위의 단계를 그림을 그리면 다음과 같다.

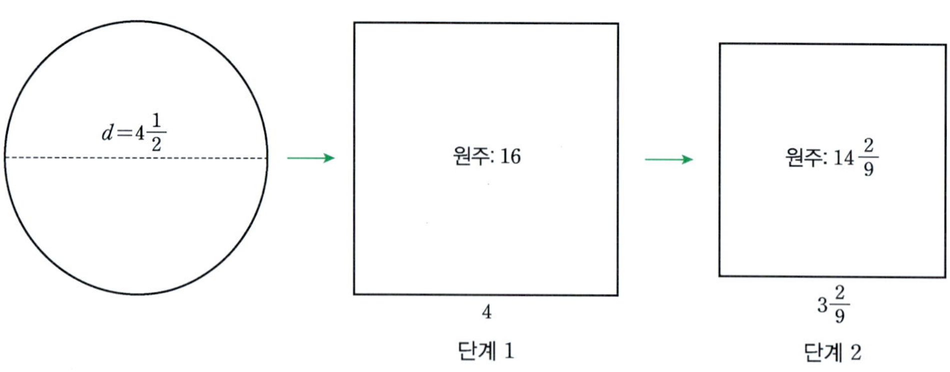

그림 3.12 고대 이집트인의 원주의 정사각형화

지름이 d인 원에서 넓이와 원주를 종합하면 다음과 같다. 점선 정사각형의 변의 길이는 $\frac{8}{9}d$이고 실선 정사각형의 변의 길이는 $\left(\frac{8}{9}\right)^2 d$이다.

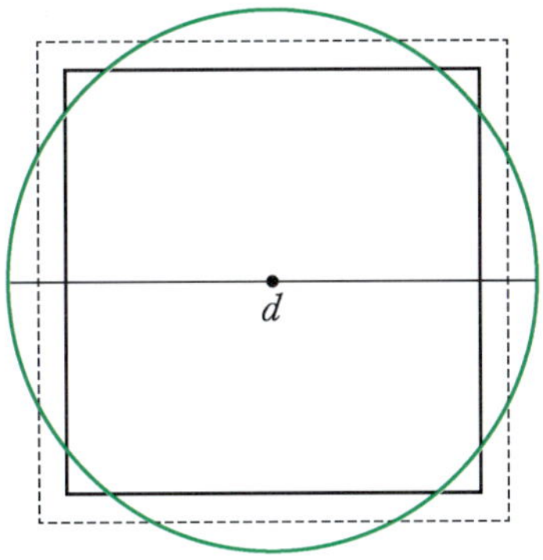

그림 3.13 원주(점선)와 넓이(점선)의 정사각형화

그림 3.14 몽마르뜨 성당 내부 목재 디자인

고대 이집트의 원의 넓이를 구하기 위하여 지름에서 1/9만큼을 제외한 이유(《아메스 파피루스》 40번)는 추론이지 이에 대한 기록이 발견된 것은 아니다. 《모스크바 파피루스》 10번 문제 역시 고대 이집트인이 원주를 구하는 데 1/9만큼을 연속적으로 두 번 사용한 이유도 우리는 알 수 없다. 우리는 이와 같은 상황에서 **그림 3.11**을 제시하였다.

참고로 《아메스 파피루스》에서 지름이 9 또는 10을 사용하여 원의 넓이를 구하고 있다. 지름이 10인 42번의 계산과정에서 단위분수와 분배법칙이 어떻게 사용되는지 살펴보자(Chace 1979).

문제 42 지름이 10이고 높이가 10인 곡물 통의 부피를 구하여라.

원의 넓이를 구하는 과정을 살펴보자. 원의 정사각형화는 지름 $d=10$에서 1/9만큼을 뺀

$$10-\frac{10}{9}=\frac{80}{9}=\frac{16}{9}\times r \text{ (여기서 반지름 } r=5)$$

의 제곱 $\left(\frac{16}{9}\times r\right)\left(\frac{16}{9}\times r\right)$을 원의 넓이를 구한다. 즉, $A=\pi_{Egypt}\times r^2$을 사용하고 있다. 문제 41번은 지름이 9인 경우이며 이때, 지름에서 1/9만큼을 제외하면 $9-\frac{9}{9}=\frac{72}{9}=\frac{16}{9}\times\frac{9}{2}$로 넓이

$$a=8\times 8=\left(\frac{16}{9}\right)^2\left(\frac{9}{2}\right)^2$$

를 사용한다. 이제, $10-\frac{10}{9}=\frac{80}{9}$가 최적화에 의한 단위분수로 분해되는 과정(greedy algorithm)을 살펴보자. 우리는 이집트인의 단위분수와 관련된 내용을 제0장에서 깊이 있게 다루었다.

단계 ① $9n\le 80$를 만족하는 정수 중에서 제일 큰 수는? $n=8$. 따라서

$$\frac{80}{9}=8+\frac{8}{9}$$

단계 ② 고대 이집트인은 $\frac{8}{9}$의 단위분수 분해에서 이보다 작은 수중에서 제일 큰 것을 $\frac{2}{3}$로 결정한다. 따라서 $\frac{8}{9}=\frac{2}{3}+\frac{2}{9}$.

같은 방법으로 $\frac{2}{9}$로부터 $\frac{1}{6}$을 결정하고, $\frac{2}{9}=\frac{1}{6}+\frac{1}{18}$이므로 $\frac{8}{9}=\frac{2}{3}+\frac{1}{6}+\frac{1}{18}$이다. 아메스는 곱셈

$$\left(8+\frac{2}{3}+\frac{1}{6}+\frac{1}{18}\right)\times\left(8+\frac{2}{3}+\frac{1}{6}+\frac{1}{18}\right)$$

을 분배법칙을 사용하여 계산하며 분배법칙에 대한 충분한 학습을 《아메스 파피루스》 7번부터 20번에서 자세히 제시하고 있다. $\frac{2}{9}$ 와 같은 분모가 홀수인 $\frac{2}{n}$ $(n=3, 5, 7, \cdots, 101)$의 분해를 표로 제시하고 있다. 즉, 분해공식 표를 만들어 사용했다고 추정된다. 최적화 알고리즘에 따르면

$$\frac{8}{9}=\frac{1}{2}+\frac{7}{18},\ \frac{7}{18}=\frac{1}{3}+\frac{1}{18}$$

이므로 $\frac{8}{9}=\frac{1}{2}+\frac{1}{3}+\frac{1}{18}$ 이다. 표현에 동원된 단위분수의 개수는 세 개로 같다. 이는 고대 이집트인들이 단위분수를 최적화 알고리즘 이외의 다양한 방법을 사용하여 분수를 단위분수로 분해하고 있다는 것을 보여준다.

5. 합리적 논의

가) 《아메스 파피루스》 48번의 해석과 근삿값 $\sqrt{63}\approx 8$

《아메스 파피루스》 문제 48번 역시 원의 넓이를 다루는데 형식에 있어 다른 문제들과 사뭇 다르게 기록되어 있다. 아무런 질문이나 설명 없이 두 도형의 내부에 수 9가 있고(그림 3.15, 3.17(a)) 그 아래 $8\times 8=64$와 $9\times 9=81$의 계산이 이집트 곱셈법(doubling rule)으로만 제시되어 있다. 두 도형과 곱셈식 계산만으로 구성된 이 문제를 어떻게 해석해야 할까? 이 또한 고대 이집트의 수학 수준을 가름하는 주요 문제 중의 하나이며 이와 같은 이유로 많은 논쟁을 불러일으켰다. 문제 48번은 고문서에 있던 여러 수학 내용을 종합하여 설명 없이 간략하게 핵심 내용을 그림과 계산만으로 아메스 자신이 요약한 것일 수도 있고, 또는 당시 서기들 사이에서 통용되고 있던 매우 잘 알려진 내용이므로 복잡한 서술 없이 간단하게 도형과 곱셈식만을 기록했을 수도 있다.

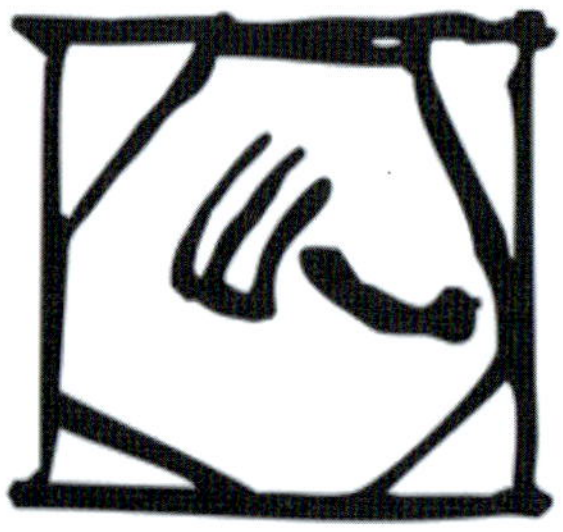

그림 3.15 《아메스 파피루스》 48번

A. 체이스는 $9 \times 9 = 81$을 외접하는 정사각형의 넓이로, $8 \times 8 = 64$는 원의 넓이로 추정하여 번역한다(Chace 1979).

문제 48 **(체이스 번역).** "원과 이에 외접하는 정사각형의 넓이를 비교하여라"

결과적으로 체이스는 파피루스(Plate 70)의 그림을 원과 외접하는 정사각형으로 보았다. 이와 같은 체이스의 해석은 오해로 보인다. 1958년 K. 보겔(Vogel)은 《아메스 파피루스》 문제 48번을 고대 이집트인들이 정사각형에서 팔각형으로 이어지는 기하적인 접근으로 원의 넓이를 구한 것으로 해석한다. 문제 48번에서 사용한 도형은 아메스가 Plate 63(문제 41번)과 Plate 72(문제 50)에서 그린 원(**그림 3.16** 참고)과 사뭇 다르므로 48번 그림을 팔각형으로 보는 것이 합리적이다.

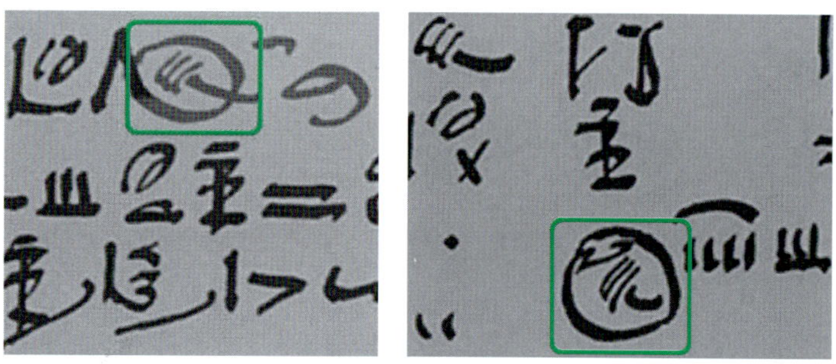

그림 3.16 아메스가 그린 원

지름이 9인 원에 외접하는 정사각형을 설정하고 각 변을 3등분하면 주어진 정사각형은 9등분 되고 각 모서리에 있는 작은 정사각형에 대각선으로 그어 생기는 삼각형을 제외하면 팔각형을 얻는다(**그림 3.17**(b)). 이 팔각형과 원의 넓이를 같다고 보면 원의 넓이는 $81 - 4(9/2) = 63$이다. 원의 넓이는 정사각형의 넓이로 접근하므로 한 변의 길이가 $\sqrt{63}$ 인 정사각형을 생각하게 된다. $\sqrt{63}$ 에 가까운 값으로 $\sqrt{64}=8$ 을 택하면 지름이 9인 원의 넓이는 $8\times8=64$ 이다.

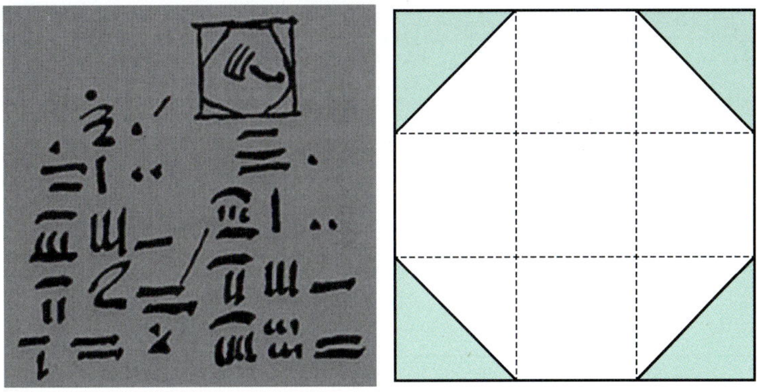

(a) (b)

그림 3.17 《아메스 파피루스》 48번 해석

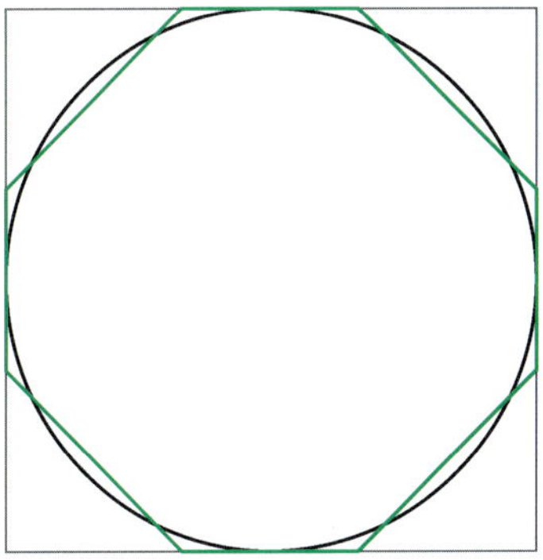

그림 3.18 원과 팔각형의 넓이 비교

따라서 우리는 문제 48번을 지름이 9인 원의 넓이를 '외접하는 정사각형을 이용하여 팔각형으로 접근하고, 정사각형에서 팔각형으로 옮겨갈 때는 원을 정사각형화하여 근삿값 $\sqrt{63}\approx8$'을 사용하여 $8\times8=64$ 로 계산하였다고 재해석할 수 있다. 《아메스 파피루스》 48번의 해석에서 체이스가 제시한 원이 아닌 팔각형으로 보았을 때, 또 다른 수학적 의미를 추론할 수 있다. 즉,

$$\sqrt{N}=\sqrt{63}=\sqrt{8^2-1}\approx\sqrt{8^2}=8$$

여기서 우리는 고대 이집트인이 근사식

$$\sqrt{N} = \sqrt{a^2 \pm 1} \approx \sqrt{a^2} = a \ (\text{이집트인의 근사식})$$

를 사용한 것으로 추정한다. 고대 이집트인이 위 근사식을 이용하여 $\sqrt{2}$의 근삿값을 구하려면 N을 2, 8, 50, 288, … 등으로 택하면 된다(Park and Nam 2022). 이때,

$$\sqrt{2} \approx 1,\ 2\sqrt{2} \approx 3,\ 5\sqrt{2} \approx 7,\ 12\sqrt{2} \approx 17,\ \cdots$$

등의 $a_i\sqrt{2} \approx b_i$를 연속하여 얻는다. 여기서 특히, N이 8 또는 50일 때, $2\sqrt{2}$, $5\sqrt{2}$는 각각 플라톤의 《메논》(82a~84a), 《국가》(546c)에 나오는 무리수이다. 이들에게서 나타나는 정수 열 a_i, b_i 는 다음과 같은 패턴을 만든다.

$$\frac{1}{1},\ \frac{3}{2},\ \frac{7}{5},\ \frac{17}{12},\ \cdots,\ \frac{a_i}{b_i},\ \frac{a_i + 2b_i}{a_i + b_i},\ \cdots$$

패턴에서 나타나는 수를 전통적으로 '변과 대각선 수(side and diameter number)'라 부른다. 이 패턴은 플라톤 시대에 알려져 있었으며 O. 노이게바우어(Neugebauer)에 따르면 이와 같은 패턴은 바빌로니아에 존재하지 않았다.

나) 쿠푸왕의 대피라미드가 말하는 원주율

《모스크바 파피루스》 10번 문제를 (반)원기둥 바구니로 하여 고대 이집트인들이 원주를 정사각형 둘레로 변형하여 구하는 과정을 알아보았다. 이집트인이 원주의 정사각형화를 피라미드 건축에 도입했다면 피라미드 밑면이 정사각형이므로 밑면 둘레와 같은 원주를 만드는 반지름을 무엇으로 했는지 추정해 보자.

W. 페트리(Petrie)는 높이를 반지름으로 하는 원의 원주가 정사각형인 쿠푸왕의 대피라미드(c.2560 BCE) 밑면의 둘레와 일치한다고 주장한다. 그가 1940년 이전 T. 피트(Peet, 1931)의 《모스크바 파피루스》 10번 해석을 참고하여 원주를 직사각형의 둘레로 접근했는지는 우리는 알지 못한다.

W. 페트리의 가설(1883, 1940): 피라미드 높이를 반지름으로 하는 원주는 피라미

드 밑면 정사각형의 둘레의 길이와 같다.

W. 페트리의 주장을 우리는 제1장에서 다루었던 동적 조화로 다음 그림과 같이 도식화할 수 있다(Park and Nam 2022).

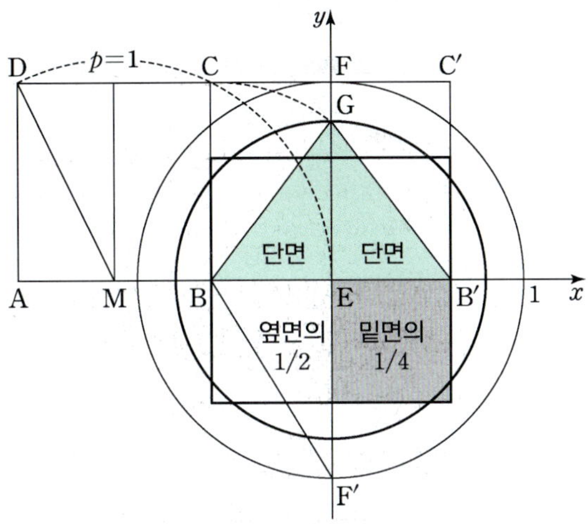

그림 3.19 페트리의 원주의 정사각형화

W. 페트리의 가설을 식으로 표현하면 $2\pi h = 4(2d)$이다(여기서 h는 피라미드의 높이, $2d$는 피라미드 밑면의 한 변의 길이). 그는 그의 측정(높이: 481.33피트, 밑변, 755.73피트)을 바탕으로

$$\frac{h}{2d} = \frac{481.33}{755.73} \approx 0.636 \approx \frac{7}{11}$$

로 추정한다. 따라서

$$\pi_{Pyramid} = \frac{4d}{h} = 2\left(\frac{2d}{h}\right) = \frac{22}{7}$$

W. 페트리의 주장에 따르면, 고대 이집트인들은 원주율 22/7를 피라미드 건축에 사용하였다(Beard 1968; Cooper 2011). 여기서 W. 페트리(1940년)는

$$\frac{\pi}{4} \approx \sqrt{\kappa} \approx \frac{11}{14}$$

을 추론한다(여기서 $\kappa = (\sqrt{5}-1)/2$는 EMR의 역수이다). 《모스크바 파피루스》 10번과 관련이 있는 W. 페트리의 가설 $2\pi h = 8d$에서

$$\pi = \frac{4d}{h} = \frac{2 \times 755.73}{481.33} = 3.14017 = \frac{22}{7} + 0.0026 \cdots$$

를 직접 얻는다. 이 값은 22/7보다 0.0026 정도 적다.

참고로, 고대 이집트인들이 원주율을 피라미드 건축에 반영하는 방법을 추론해 보자. 피라미드의 높이 h가 결정되면 피라미드 밑면의 한 변 길이는 $\frac{2\pi_{Egypt} \times h}{4}$로 계산하고, 역으로 밑변의 길이 $2d$가 결정되면 높이는 $\frac{4 \times 2d}{2\pi_{Egypt}}$로 계산된다.

물론 고바빌로니아 점토판 YBC 7302와 MS 19382/2에서 알 수 있듯이 고바빌로니아인은 3과 25/8를 원주율로 사용했지만 《아메스 파피루스》나 《모스크바 파피루스》에서 알 수 있는 원주율 3.16과 W. 페트리가 원의 정사각형화를 통하여 주장한 피라미드학에서의 원주율 $\frac{22}{7}$, 즉 3.14를 고대 이집트인들이 사용했다는 기록은 아직 발견되지 않았다.

이와 같은 피라미드학에 대하여 이집트인이 독창적이거나 추상적인 사상을 지닌 바 없다고 주장해온 O. 노이게바우어(Neugebauer)는 피라미드 건축에서 EMR이나 π의 사용에 대해 심오한 사고의 결과가 아니라 실용적인 기술로 설명한다(Neugebauer 1969, 96). R. 팔터(Palter)는 π가 적용되어 피라미드가 건축되었을 것이라는 주장을 확신하지 않으며 피라미드 측정에서 π가 발견되었다 하더라도 이것은 우연의 결과라고 주장한다(Bernal 2017, 365). 버낼은 로빈스와 슈트(Robins and Shute 1987, 58)의 추론을 참고하면서 "피라미드가 원주율의 지식을 시사하는 측정치를 포함하고 있다 하더라도, 그것이 의도적으로 건축에 반영된 것인지 아니면 우연의 결과인지 확신할 수 없다. 그런데, 《아메스 파피루스》에 있는 몇몇 문제들이 고왕국으로 거슬러 올라갈 수 있음을 보여주는 징후들은 피라미드의 건축가들이 π의 이치에 닿는 근삿값을 갖고 있었다는 것을 시사하는 또 다른 증거를 제공한다"고 주장한다(Bernal 2017, 366).

다) 플라톤의 원주율

플라톤은 우주의 기하학적 구성을 설명하기 위하여 두 가지 기본삼각형(**그림 3.20**

참고)을 도입한다. 하나는 직각이등변삼각형이고 또 하나는 직각을 낀 두 변의 길이의 비가 $1:\sqrt{3}$ 인 삼각형이다(《티마이오스》, 53c-d, 54b).

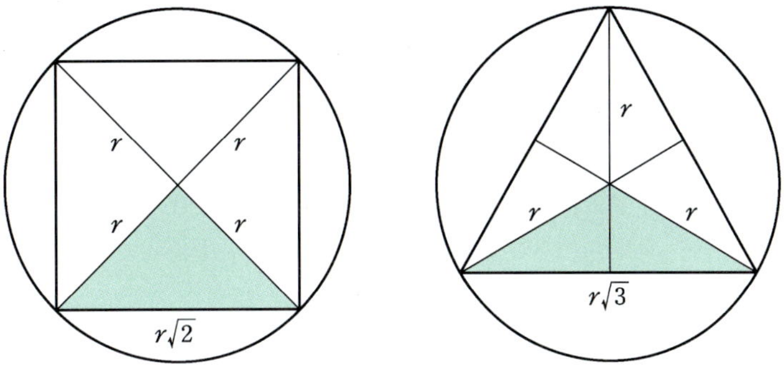

그림 3.20 플라톤의 기본 $(1, 1, \sqrt{2})$ 삼각형과 기본 $(1, \sqrt{3}, 2)$ 삼각형(Popper, 429)

K. 포퍼(Popper)는 플라톤은 두 가지 기본삼각형을 사용하여 원의 넓이와 같은 직사각형 ABCD(**그림 3.21**)를 작도한 것으로 제시한다(Popper 2013, 429~430). 두 가지 기본삼각형의 한 꼭짓점과 원의 중심이 일치하는 그림에서 반지름의 길이가 r 인 원의 넓이와 두 변의 길이가 r, $r\sqrt{2}+r\sqrt{3}$ 인 직사각형의 넓이가 거의 같다는 것이다. 이를 현대의 기호를 사용하면 $\pi r^2 = r^2(\sqrt{2}+\sqrt{3})$이다. 이로부터

$$\pi = \sqrt{2} + \sqrt{3}$$

을 얻을 수 있다.

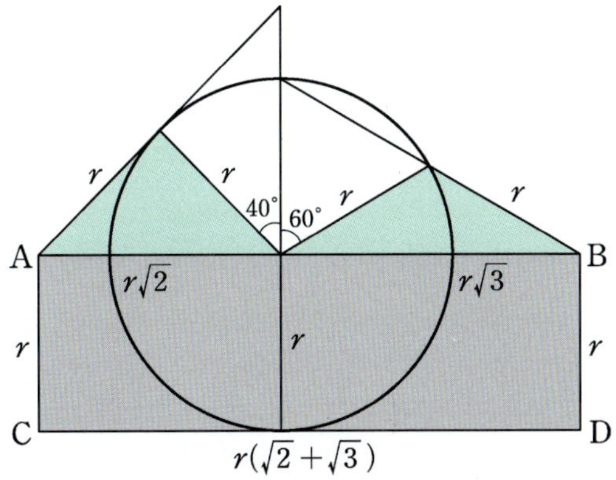

그림 3.21 플라톤의 원주율 (Popper, 430)

여기서 플라톤이 C/d 를 상수로 보고 원주율을 $\pi = \sqrt{2} + \sqrt{3}$ 이라고 했다고 말하는 것은 아니다. 플라톤과 동시대를 살았던 아리스토텔레스(Aristotle, 384~322 BCE)도 "원의 길이와 선분의 길이는 비교 불가능하다"고 주장하였고(《Physics》, 7권), 평면도형에서 원의 넓이(A)와 지름(d)이 만든 정사각형 넓이의 비율 A/d^2 가 상수임을 보인 것은 기원전 300년경 유클리드이다(《원론》 12권, 명제 1). 다만, 플라톤이 구한 원의 넓이를 바탕으로 수학사에서는 기원전 380년경의 플라톤의 원주율을 $\pi = \sqrt{2} + \sqrt{3}$ 로 사용한다(Arndt and Haenel 2000, 205; Ebbinghaus *et al* 1991, 126).

사실 플라톤이 $\sqrt{2} + \sqrt{3}$ 라는 무리수를 어떻게 생각했는지는 알려지지 않았다. 플라톤은 무리수에 흥미를 갖고 있었는데, $\sqrt{2}$, $\sqrt{3}$ 이 아닌 무리수도 알고 있었고(《테아이테토스》 147d/e) 무리수와 무리수를 더했을 때, 새로운 무리수가 될 수 있다고 생각했을 것으로 보인다. 하나의 가능성으로 K. 포퍼는 플라톤이 반지름이 1인 단위 원의 넓이를 단위 원에 외접하는 정육각형과 내접하는 정팔각형 넓이의 산술평균으로 보았을 가능성을 이야기한다. 약간의 계산을 하면, 원에 외접하는 정육각형의 넓이와 내접하는 정팔각형의 넓이의 산술평균은 아래와 같기 때문이다.

$$\frac{1}{2}\left(2\sqrt{2} + 2\sqrt{3}\right) = \sqrt{2} + \sqrt{3} \approx 3.14626$$

참고로 플라톤의 기본삼각형은 고바빌로니아의 점토판 MS 3050(그림 2.29), MS 3051(그림 2.4)에서 찾을 수 있다.

라) 아르키메데스는 원주율이 상수임을 증명했을까?

1) 아르키메데스의 순환 알고리즘

헬레니즘 시대(323~30 BCE)를 고대 과학의 황금시대라 한다. 헬레니즘 시대의 과학은 철학으로부터 분리됨으로써 혜택을 보았다. 왕가는 과학자들에게 재정적 후원을 해 과학이 발전했으며 특히, 이집트 알렉산드리아에 과학자들이 집결함으로써 학자들 간의 폭넓은 교류가 가능하였다. 가장 큰 진전을 본 분야는 기하학이다(Martin 2011, 336~337). 기원전 300년경에 유클리드는 알렉산드리아에서 연구하면서 학생들을 가르쳤다. 기원전 225년경 아르키메데스는 《원의 측정, Measurement of a circle》 명제 1에서 원의 넓이를 직각삼각형의 넓이로 접근하고($A=\frac{1}{2}Cr$) 명제 3에서 부등식

$$3\frac{10}{71} < \frac{C}{d} < 3\frac{1}{7} \ (C\text{는 원주, } d\text{는 지름})$$

을 구하였다(Heath 2002, 91~98). 그러나 지름에 대한 원주의 비 C/d가 상수라고 언급한 적은 없다. 아르키메데스는 96각형에 이르는 정다각형들을 작도한 것이 아니라 정육각형에서 12, 24, 48, 96각형으로 연결되는 4단계 순환 알고리즘을 사용하였다.

반지름이 1인 원에 내접하는 정N 각형의 둘레를 p_N, 외접하는 정N각형의 둘레를 P_N으로 표시하자. 원에 내접하는 정N 각형의 절반 각을 θ_N으로 하면 **그림 3.22**에서 $OA=1$, $AB=\sin\theta_N$, $AT=\tan\theta_N$이고 $p_N=2N\sin\theta_N$, $P_N=2N\tan\theta_N$이다.

아르키메데스는 $\theta=\theta_6=30°$ (정육각형)에서 출발하는 순환 알고리즘

$$\frac{1}{\tan(\theta/2)}=\frac{1}{\sin\theta}+\frac{1}{\tan\theta}, \quad \frac{1}{\sin(\theta/2)}=\sqrt{1+\frac{1}{\tan^2(\theta/2)}}$$

을 거듭 사용하여 최종적으로 부등식

$$96\tan\theta_{96} < 3\frac{1}{7}, \ 96\sin\theta_{96} > 3\frac{10}{71}$$

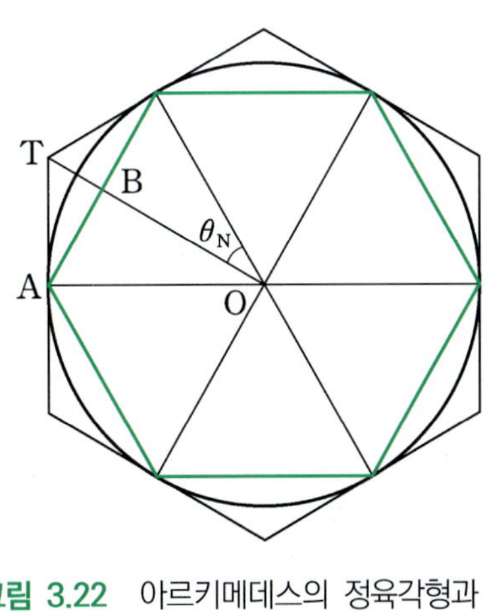

그림 3.22 아르키메데스의 정육각형과 원

을 얻는다(Phillips 1981; Heath 2002, 96). 즉,

$$3\frac{10}{71} < \frac{C}{d} < 3\frac{1}{7}$$

이고, 앞서 언급한 대로 그는 C/d가 상수라고 그 어디에도 언급하지 않았다.

아르키메데스가 한 것처럼, 일반적으로 다각형을 사용하여 원에 한없이 접근하는 것이 타당할까? 다음 그림과 같이 반지름이 1인 원의 외접하는 정사각형(점선)을 원주로 접근해 보자. 이때, $C = 2\pi = 8$로 $\pi = 4$가 될 수도 있다.

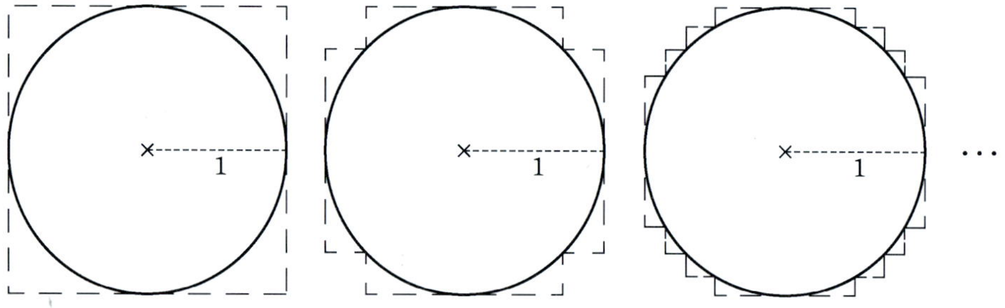

그림 3.23 원에 다각형으로 접근하기

또한, 원 내부에서 시작하여 직관적으로 원에 가까워지는 다각형의 경우 극한이 존재하지 않을 수도 있다(Lima and Jordão 2022). 이처럼 예기치 못한 모순된 상황을 아르키메데스는 알고 있었을까? 이는 불확실하다. 명제 3에서 그가 취한 결론이 가지고 있는 공리체계의 문제를 살펴보면 다음과 같다.

① 곡선의 길이에 대한 엄밀한 정의를 그는 가지고 있지 않다.

② 둘레 p_N이 증가하는 수열을 형성하고 P_N이 감소하는 수열을 형성한다는 아르키메데스의 직관은 타당하지 않은 가정이다.

③ 부등식 $p_N < C < P_N$만으로 p_N과 P_N이 C로 수렴한다는 것은 보장되지 않는다.

다시 말하면, 아르키메데스 당시에는 곡선의 길이에 대한 명확한 정의가 없었으며 그의 논문 《원의 측정》의 명제 1, 명제 3과 다른 연구에서도 C/d가 상수라는 증명은 존재하지 않는다. 이런 공백은 미적분의 출현 이전에 그 누구도 완전히 채우지 못했다(Lima and Jordão 2022). 물론 유클리드의 (《원론》 12권, 명제 1)을 매개로

한 아르키메데스의 증명(즉, $C/d = A/r^2$) 가능성에 관한 주장은 2015년에 제기되었다(Richeson 2015).

첫 단계, 정육각형에서 정십이각형으로 넘어갈 때, 그는 $\tan 30°$로부터 $\sqrt{3}$을 만났으며 구체적인 계산 방법을 제시하지 않고 근삿값

$$265/153 < \sqrt{3} < 1351/780$$

을 사용하였다. 정육각형에서 시작한 그의 순환 알고리즘에 의하여 특히 정사십팔각형에서 정구십육각형으로 넘어갔을 때, 놀랍게도 복잡한 식이 서로 약분이 되면서 그는 너무 간단한 부등식 $3\frac{10}{71} < C/d < 3\frac{1}{7}$을 얻는다(Heath 2002, 98). 수학사에서는 아르키메데스의 원주율을 $\pi = 3\frac{1}{7}$로 사용한다.

2) 아르키메데스의 근삿값

그가 순환 알고리즘을 사용했을 때, 각 단계별로 나타나는 무리수를 유리수로 근사해야만 한다. 첫 단계(정육각형에서 정십이각형으로 넘어가는 과정)에서 만난 $\tan 30°$에서 근삿값

$$\frac{265}{153} < \sqrt{3} < \frac{1351}{780}$$

을 아르키메데스가 어떻게 구했을까? 많은 학자[1]들이 독자적인 가설을 내놓았을 만큼 이 근삿값 문제는 수학사에서 매우 흥미로운 주제이다(Heath 1981, 51). T. 히스(Heath)는 가장 단순한 가설로 훈라드(Hunrath)와 훌츠(Hultsch)의 추정을 꼽는다. 그들은 아르키메데스가 부등식

$$a \pm \frac{b}{2a} > \sqrt{a^2 \pm b} > a \pm \frac{b}{2a \pm 1}$$

을 사용한 것으로 추론한다. 기록에 따르면 부등식 $a \pm \frac{b}{2a} > \sqrt{a^2 \pm b}$는

---

1 드 래그니(De Lagny), 몰바이데(Mollweide), 부젠가이거(Buzengeiger), 하우버(Hauber), 조이텐(Zeuthen), 태너리(P. Tannery), 하일러만(Heilermann), 훌츠(Hultsch), 훈라드(Hunrath), 베르트하임(Wertheim), 베이비닌(Babynin) 등등.

헤론(Heron, 1세기)이, 부등식 $\sqrt{a^2 \pm b} > a \pm \dfrac{b}{2a \pm 1}$는 아랍 수학자 알카르키(Alkarkhi, 11세기)가 그리스 자료로부터 얻어 사용한 것이다. D. 버튼(Burton)에 따르면 아르키메데스가 고바빌로니아인이 기원전 2000년경에 사용한 근사식

$$\sqrt{a^2+b} \fallingdotseq a+b/2a$$

의 일반화된 부등식

$$a+\frac{b}{2a+1} < \sqrt{a^2+b} < a+\frac{b}{2a}$$

을 사용하여 근삿값 $265/153 < \sqrt{3} < 1351/780$ 등을 구한 것으로 추정한다(Burton 2007, 79~82). 그가 말하는 고바빌로니아 근사식은 산술평균이 사용된 것이다. 즉, $a < \sqrt{a^2+b} < a+\dfrac{b}{a}$ $(0 < b < a^2)$에서

$$\sqrt{a^2+b} \fallingdotseq \frac{1}{2}\left[\left(a+\frac{b}{a}\right)\right] = a+\frac{b}{2a}.$$

실제로 고바빌로니아인은 두 변의 길이가 0;40, 0;02인 직사각형의 대각선 d를

$$d=\sqrt{(0;40)^2+(0;10)^2} = 0;40+\frac{1}{2}\left(\frac{1}{0;40}\right)(0;10)^2 = 0;41,15$$

로 계산한다. 즉, $\sqrt{a^2+b^2} \fallingdotseq a+\dfrac{b^2}{2a}$을 사용하고 있다(Burton 2007, 80). J. 아른트와 C. 에넬은 아르키메데스가 사용한 것으로 추정되는 부등식

$$a+\frac{b}{2a+1} < \sqrt{a^2+b} < a+\frac{b}{2a}$$

를 바빌로니아인이 이미 알았을 것으로 본다(Arndt and Haenel 2000, 173). 이제, $a=2,\ b=-1$로 출발하여 아르키메데스가 구한 $\sqrt{3}$을 추정해 보자.

먼저 $a=2,\ b=-1$로 하면 부등식

$$2-\frac{1}{3} < \sqrt{3} < 2-\frac{1}{4},\quad \frac{5}{3} < \sqrt{3} < \frac{7}{4}$$

을 얻는다. 부등식에 3을 곱하면

$$5+\frac{2}{5}<3\sqrt{3}<5+\frac{1}{4}$$

이제 $a=5$, $b=2$로 보면

$$5+\frac{2}{11}<3\sqrt{3}<5+\frac{2}{10},\quad \frac{19}{11}<\sqrt{3}<\frac{26}{15}$$

다시 부등식에 15를 곱하면

$$26-\frac{10}{11}<15\sqrt{3}<26$$

$a=26$, $b=-1$로 보면

$$26-\frac{1}{51}<15\sqrt{3}<26-\frac{1}{52}$$

따라서

$$\frac{1325}{765}=\frac{265}{153}<\sqrt{3}<\frac{1351}{780}$$

을 그가 얻었다고 추론할 수 있다(Heath 1981, 52).

결론적으로 아메스는 1단계와 이에 따른 한 번의 근삿값을 사용한 것이고 아르키메데스는 4단계와 네 번의 근삿값을 사용하여 원주율을 구한 것이다. 아메스와 아르키메데스의 방법을 표로 비교하면 다음과 같다.

〈표 3.1〉 아메스와 아르키메데스의 방법 비교

	아메스(c.1606 BCE)	아르키메데스(c.225 BCE)
다각형	정사각형 ⇨ 팔각형	정육각형 ⇨ 12, 24, 48 ⇨ 정구십육각형
근삿값	$\sqrt{63}\approx 8$	$265/153<\sqrt{3}<1351/780$ 등
원주율	$\left(\frac{16}{9}\right)^2=3\frac{13}{81}$	$3\frac{1}{7}$

다음에서 아르키메데스와 관련된 여러 주장을 살펴보자.

바) 여러 주장

1) W. 크롤(Knorr)의 주장

아르키메데스가 첫 단계에서 근삿값 $\frac{265}{153} < \sqrt{3} < \frac{1351}{780}$ 을 구한 방법에 대하여 고바빌로니아의 근사식 대신 W. 크롤(Knorr)은 '변과 대각선 수(side and diagonal number)'를 제시한다(Knorr 1975/1976). 즉, 항등식

$$(9x+5y)^2 - 3(5x+3y)^2 = 2(3x^2 - y^2)$$

에 기반한

$$(x_1, y_1) = (3, 5)$$
$$(x_{n+1}, y_{n+1}) = (5x_n + 3y_n, 9x_n + 5y_n)$$

$n = 2$일 때, 비율 52/30 = 26/15이다. 이때, $x_2 = 15$, $y_2 = 26$으로부터 $(135 + 130)/(75 + 78) = 265/153$. 다시 $x_3 = 153$, $y_3 = 265$로부터 비율 $(1377 + 1325)/(265 + 795) = 1351/780$을 얻는다.

2) C. 디오프(Diop)의 주장

아메스는 48번에서 원의 넓이를 사각형, 팔각형으로 단계적으로 접근하고 넘어가는 과정에서 근삿값 $\sqrt{63} \fallingdotseq \sqrt{64} = 8$을 사용했다는 것은 학계에서 보편적으로 받아들이고 있다. 따라서 아르키메데스가 알렉산드리아에서 교육받고 연구 활동을 했기 때문에 이집트의 영향을 완전히 배제하기에는 어려움이 따른다.

아르키메데스는 《아메스 파피루스》 48번을 알고 있었을까? 아르키메데스는 그의 논문에서 이집트인의 아이디어를 언급하지 않았다. 이에 따라 세네갈 학자 C. 디오프는 이집트로부터의 차용을 숨기는 그의 정직하지 못한 태도를 다음과 같이 비난했다(Diop 1991, 243).

아르키메데스는 원주율 $\pi = 3.14$를 계산한 그의 책에서 그가 계산하기 2000년 전에 이집트인이 구한 $\pi = 3.16$에 대한 참고를 전혀 밝히지 않았다. 그는 이집트 파피루스가 우연히 후세에게 진실을 드러낼 것이라고는 의심하지 않았다.

아르키메데스의《아메스 파피루스》48번의 인지 문제는 고대 이집트로부터의 수학의 차용이라는 시각에서 논란거리이다. 실제 R. 팔터는 "디오프는 아르키메데스를 분노(wrath)의 대상으로 보고 있지만 그의 증명과정을 이해 못 한 것"으로 디오프의 주장을 일축한다(Palter 1993, 259).

정다각형으로 접근한 아르키메데스의 아이디어를 독립적인 것으로 보기에는 어렵다고 볼 수 있지만, 또 다른 정황을 통하여 아르키메데스가《아메스 파피루스》48번 문제를 몰랐을 수도 있다. 아르키메데스가《모스크바 파피루스》14번인 고대 이집트인의 피라미드의 부피 측정을 몰랐던 것으로 보인다. 그 이유는 그는 "피라미드 부피는 기원전 4세기 크니도스의 에우독소스에 의해 최초로 측정되었다"고 잘못 알고 있었기 때문이다(Bernal 2017, 385).

제 2 절 고바빌로니아인의 원주율

1. 고바빌로니아인의 원주율

고바빌로니아인이 원과 원주율을 어떻게 인식했는지 알아보자.

가) 정다각형의 표준화(Normalized Regular Polygons)

수사(Susa)인은 한 변의 길이를 60으로 고정한 표준화(normalized)된 정다각형을 원에 내접하여 정다각형의 넓이를 근사적으로 구한다. 이때, 원의 크기와 관계없이 원주와 지름의 비 C/d를 3으로 고정하여 사용하고 있다. 이로부터 수사인들 원주와 지름의 비율이 상수인 것을 인지한 것으로 보인다. 넓이 계산에서 수사인은 근삿값 $\sqrt{3} \approx \frac{7}{4}$, $\sqrt{10} \approx \frac{19}{6}$를 사용한다.

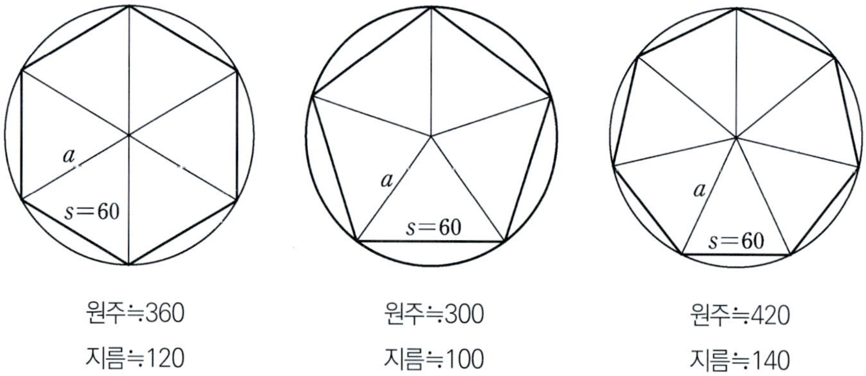

그림 3.24 표준화된 정다각형

고바빌로니아인은 도형의 넓이 계산을 편리하게 하려고 정다각형을 표준화한 것으로 보인다. **그림 3.24**를 자세히 알아보자.

표준화된 정육각형(Normalized Regular Hexagon)

한 변의 길이를 60으로 하고 6개의 정삼각형의 넓이(표준화된 정육각형 넓이) A_6

을 구한다.

$$A_6 = 6 \times \frac{\sqrt{3}}{4} \times 60^2 = 6 \times \frac{1.75}{4} \times 60^2 = 9450,$$

▷ 의견 여기서 원의 역할은 반지름을 고정하고 연속적으로 원을 그리면 정삼각형 6개가 작도된다는 것을 이미 알고 사용한 것으로 보이며, 정삼각형의 높이 $30\sqrt{3}$ 에서 근삿값 $\sqrt{3} \approx 1.75$를 사용하였다.

표준화된 정오각형(Normalized Regular Pentagon).

한 변의 길이를 60인 정오각형의 외접원의 둘레를 약 300으로 한다. 따라서 원의 지름은 약 $\frac{1}{3} \times 300 = 100$이고 반지름은 대략 50이다. 따라서 한 변은 60이고 나머지 두 변은 50인 이등변삼각형의 높이는 40이다. 5개의 이등변삼각형의 넓이(표준화된 정오각형 넓이) A_5는 다음과 같다.

$$A_5 = 5 \times 30 \times 40 = 6000$$

▷ 의견 여기서 수사인은 외접원의 둘레를 근사적으로 사용하고 (3, 4, 5) 직각삼각형의 성질을 이용하였다.

표준화된 정칠각형(Normalized Regular Heptagon).

한 변의 길이가 60인 정칠각형의 외접원의 둘레는 약 420이고 이때, 지름은 대략 $\frac{1}{3} \times 420 = 140$ 이다. 따라서 반지름은 약 70이다. 한 변이 60이고 두 변이 70인 이등변 삼각형의 높이 h_7는 다음과 같이 계산된다.

$$h_7 = \sqrt{70^2 - 30^2} = \sqrt{4000} = 20\sqrt{10} = 20 \times \frac{19}{6} = 63\frac{1}{3}$$

따라서 표준화된 정칠각형의 넓이 A_7은

$$A_7 = 7 \times 30 \times (63\frac{1}{3}) = 13300$$

▷ 의견 여기서, 수사인은 외접원의 둘레를 근사적으로 사용하고 근삿값 $\sqrt{10} \approx \frac{19}{6}$를 사용하였다. 수사인은 $3\ 41;40 = 3 \times 60^2 + 41 \times 60 + 40 = 13300$으로 기록하지 않고 이 값을 $3\ 41 = 3 \times 60^2 + 41 \times 60 = 13260$으로 근사적으로 기록하였다.

이와 같이 표준화된 정다각형을 도입한 이유는 TMS 2에서 추측할 수 있다. 수사인은 TMS 2의 앞면에는 정육각형, 뒷면에는 정칠각형을 그려 넣었는데, 한 변의 길이는 모두 30이다.

앞면의 정육각형의 넓이는 표준화된 넓이 A_6의 $\left(\frac{1}{2}\right)^2$배 즉, $\frac{1}{4} \times 9450 = 2362.5$이다. 표준화된 정다각형을 이용하면 닮은 도형의 넓이는 "변의 길이의 제곱에 비례한다"를 적용하여 넓이를 구하기 쉽다.

정다각형을 표준화하는 이유는 뒷면의 정칠각형(**그림 3.25**)에서도 짐작할 수 있다. 정칠각형은 그리기 어려운 도형이다. 고바빌로니아인들은 표준화된 정칠각형을 이용하여 다음과 같은 순서로 정칠각형을 그렸을 것이다. 먼저 점토판에 끈을 사용하여 반지름이 35인 원을 그린다. 원주가 210이므로 원주를 따라서 길이가 30인 현을 그리면 대략 칠등분할 수 있다. 각 현의 양 끝점을 원의 중심에 연결하면 정칠각형이 된다. 사진의 왼쪽 위의 모퉁이를 보면 원을 지운 흔적을 확인할 수 있다.

그림 3.25 고바빌로니아인들의 정칠각형 작도(TMS 2, rev) (루브르 박물관)

나) 정육각형과 수사인의 원주율 $3\frac{1}{8}$

고바빌로니아인의 표준화된 정다각형에서 보듯이 정다각형 둘레를 외접원의 둘레로 근사적으로 사용하고 있다. 수사인은 정육각형의 둘레와 외접원의 둘레와의 차이를 인식하고 이들의 비율을 시도한 것으로 보인다. 먼저, 수사인은 원에 내접하는 정육각형의 작도에서 한 변의 길이와 반지름이 일치한다는 것을 알고 있었고, 이를 토대로 정육각형과 원주의 길이를 좀 더 정확하게 비교했다. 수사인은 점토판 TMS 3에

$$\frac{\text{정육각형 둘레}}{\text{외접원 둘레}} = 0;57,36 = \frac{57}{60}+\frac{36}{60^2} = \frac{24}{25}$$

를 기록하였다. 정육각형의 성질에서 둘레는 지름의 3배이므로

$$\frac{\text{정육각형 둘레}}{\text{외접원 둘레}} = \frac{3\times\text{지름}}{\text{외접원 둘레}}$$

이고 이로부터

$$\frac{\text{원주}}{\text{지름}} = \frac{25}{8} = 3\ \frac{1}{8}$$

이다. 수학사에서는 이를 고바빌로니아 원주율로 사용한다.

$$\pi_{Babylonia} = 3\frac{1}{8}.$$

수사지역 교실에서 얻은 비율 24/25를 구현해 보자(그림 3.26). 24를 만들기 위하여 4cm를 반지름으로 정육각형을 작도하면 정육각형의 둘레는 24이다. 이제 그림 3.26에서처럼 끈을 파인 곳에 적절히 넣어 원주를 측정하면 수사인이 얻었던 것처럼 25cm 정도를 근사적으로 얻을 수 있다. 지름은 8cm이다. 따라서 점토판 TMS 3에서 고바빌로니아인들은 정육각형의 작도를 통하여

$$\frac{\text{원주}}{\text{지름}} = \frac{25}{8} = 3\ \frac{1}{8}$$

또는 3.125를 얻은 것이다. 즉,

$$1\pi_{Babylonia} = 3\frac{1}{8} = 3.125 = \pi - 0.0165\cdots$$

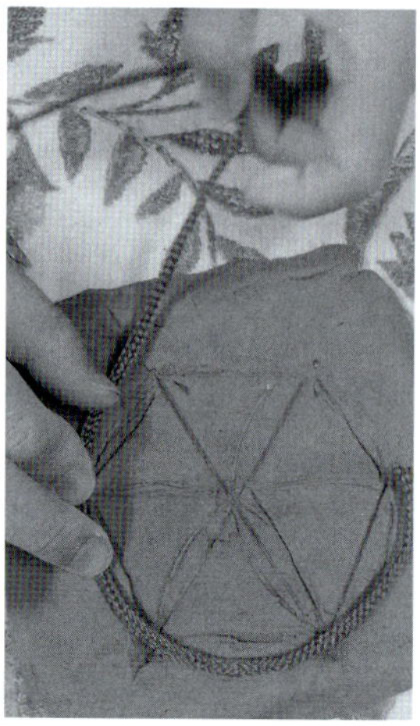

그림 3.26 원주율 측정

고대 이집트인과 고바빌로니아인은 원과 관련된 문제에서 '지름'과 '원주'를 사용하되 이들의 비율 '$\frac{원주}{지름}$'을 따로 언급하지 않는다. 가장 가까운 표현은 수사인이 구현한 $\frac{정육각형의\ 둘레}{외접원\ 둘레} = \frac{24}{25}$이다. 그들이 '$\frac{원주}{지름}$'가 상수라고 인식한 것에 대해서는 의심할 여지가 없으며 이와 같은 인식은 동지중해를 거쳐 고대 그리스로 전파된 것으로 추정할 수 있다.

이와 같은 상황에서 고대 이집트인이나 고바빌로니아인이 흔히 우리가 사용하고 있는 '원주율'을 도입하지 않았다고 말할 필요는 없다. 비율을 도입하지 않고서도 지름이 주어진 상황에서 원에 관한 이론을 충분히 전개할 수 있었다. 문장 "원주와 지름의 비율"로 사용되어오던 것이 W. Jones(1675~1749)에 의하여 기호 π로 1706년에 처음 사용된다. 수학사에서는 두 문명이 사용한 지름과 원주를 바탕으로 $\pi_{Eygpt} = 4\left(\frac{8}{9}\right)^2$, $\pi_{Babylonia} = 3\frac{1}{8}$으로 사용하고 있다. 고대 이집트와 고바빌로니아인이 원에 대한 이론 전개를 다음과 같이 현대석 수식으로 요약 해석할 수 있나.

- 고대 이집트: 지름(d)이 주어진다.

  (1) 원의 넓이$= \left(\frac{8}{9}d\right)^2$를 구한다.

  (2) 원주$= 4\times\left(\frac{8}{9}\right)^2 d$를 구한다.

  따라서 $\pi_{Egypt} = \frac{원주}{지름} = \frac{4(8/9)^2 d}{d} = 4\left(\frac{8}{9}\right)^2$ 이다.

- 고바빌로니아: 지름(d)과 원주(C)가 같이 주어진다. 원주(C)가 주어지거나 지름을 주고 원주를 측정한다.

  (1) 원에 내접하는 다각형의 성질을 구한다.

(2) 원의 넓이=$\frac{C^2}{12}=\frac{3}{4}d^2$를 구한다.

따라서 고바빌로니아인은 3을 도형과 관련된 학교수학에서 사용하고 정육각형의 작도와 원주의 측정에서 $\pi_{Babylonia}=\frac{\text{원주}}{\text{지름}}=\frac{25}{8}$이다.

2. 합리적 논의

가) 고바빌로니아인들의 원의 넓이: YBC 7302

수사에서 출토된 점토판 YBC 7302에는 원주 $C=3$과 $C^2=9$, 원의 넓이를 뜻하는 것으로 추정되는 $A=0.75$가 육십진법으로 기록되어 있다.

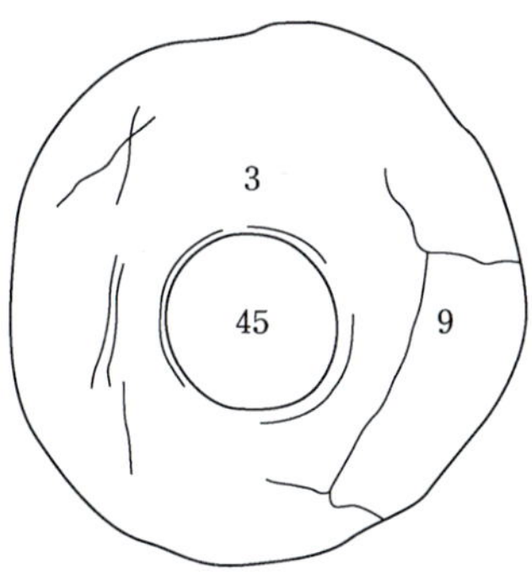

그림 3.27 YBC 7302

현대 수학에서 보면 $A=\pi r^2$, $C=2\pi r$에서 $A=C^2/4\pi$이다. YBC 7302와 비교하면 $A=C^2/12$이고 이로부터 $\pi_{Babylonia}=3$이다. 또는

$$A=0.75=\pi_{Babylonia}r^2=\frac{3}{4}d^2$$

d^2은 지름을 한 변으로 하는 정사각형의 넓이이므로 이제 원의 넓이와 원에 외접하는 정사각형의 넓이를 비교하면

$$\frac{A(\text{원의 넓이})}{d^2(\text{외접 정사각형의 넓이})}=\frac{3}{4}$$

으로 고바빌로니아인들이 사용한 것으로 추정할 수 있다. 그렇다면 어떤 이유로 비율 3/4을 얻었을까? 외접하는 정사각형을 16×16 조각으로 나누었을 때, 원 밖에 위치하는 각 모서리를 작은 정사각형 16개로 추정하였고 따라서

$$\frac{A(\text{원의 넓이})}{d^2(\text{외접 정사각형의 넓이})} = \frac{16^2 - 4 \times 16}{16^2} = \frac{3}{4}$$

로 추정한다(Rudman 2010, 122~123).

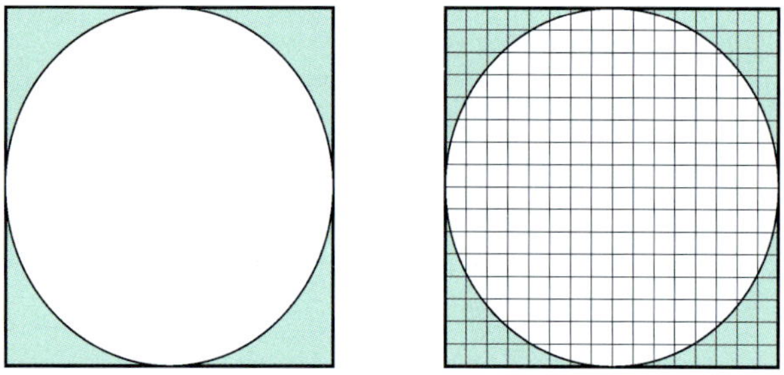

그림 3.28 넓이 추정

참고로, 우리는 3절에서 보았듯이 고대 이집트인은

$$\frac{A(\text{원의 넓이})}{d^2(\text{외접 정사각형의 넓이})} = \frac{64}{81}$$

를 사용하였다. 이들의 차이는 0.04정도로 매우 가깝다.

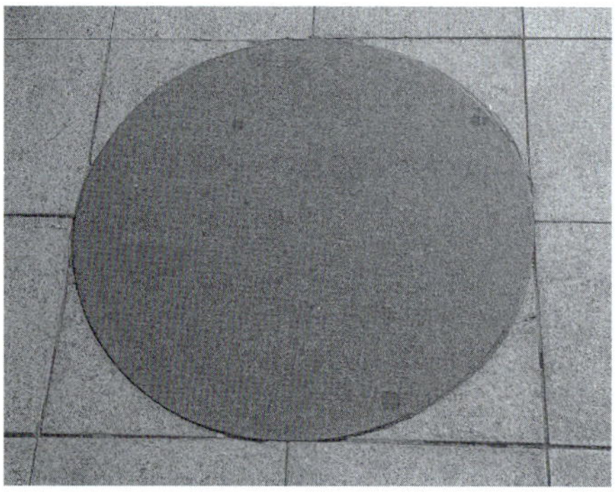

그림 3.29 보도블록

나) 솔로몬과 원주율

고바빌로니아인들은 학교수학에서 원주율을 간단히 3으로도 사용했다. 이 영향을 솔로몬 왕궁에서도 찾아볼 수 있다. 대략 기원전 1000년경 솔로몬은 왕궁을 지었다고 알려져 있다. 당시 상황을 아동문학가 M. 일리인(Ilyin)과 E. 세갈(Segal)은 다음과 같이 말한다.

> 팔레스티나에서 솔로몬 왕이 배를 만들고 이웃 나라의 벗인 페니키아(Phoenician)의 왕 '히람'에게 숙련된 선원을 제공받아 유대인과 페니키아인은 홍해를 지나 페르시아에서 궁전과 신전을 장식할 금, 은, 상아, 원숭이, 공작 등을 가지고 왔다(Ilyin and Segal 1999, 19).

원주율을 추정할 수 있는 기록은 성경(열왕기상 7:23-26, 역대하 4:2-5)에 나와 있다. 여기서 사용된 길이 1큐빗은 대략 45.72cm이다.

> (I Kings 7:23 열왕기상 7장 23절, The King James Version) 솔로몬은 청동 대야를 만들었고 그 지름이 10큐빗이고 그 모양이 둥글며 그 높이는 5큐빗이다. 둘레는 30큐빗 줄을 두를 만하다.
>
> (I Kings 7:26 열왕기상 7장 26절, King James Version) 그 두께는 한 손바닥만 하고 그 가장자리는 백합화로 장식하여 컵의 가장자리와 같이 만들었고, 그 안에는 2000밧(baths[2])이 담겨 있었다.

출애굽기에서 모세에게 내려진 지침 중에는 성막(聖幕) 문과 번제단(the altar of burnt offering) 사이에 놓을 청동 대야(bronze laver)를 만들라는 내용이 포함되어 있다. 아론(Aaron)과 그의 아들들, 그들의 후손들인 제사장들이 제사드리기 전에 손과 발을 씻기 위한 세숫대야이다.

열왕기상 7장 23절과 역대하 4장 2절은 솔로몬이 대략 높이가 5.2미터, 둘레가 15.6미터, 지름이 5.2미터인 청동 대야(molten sea)를 만들었다고 언급하고 있다. 성

2 밧(bath)은 17.034리터에서 37.854리터 사이이다.

그림 3.30 청동 대야, Ben P. L. CC BY 2.0

서 주석가들은 열왕기가 기원전 586년경에 바빌론에 의해 유다 왕국이 멸망한 것에 대한 신학적 설명을 제공하고 바빌론 포로 생활에서 돌아올 수 있는 기초를 제공하기 위해 기록되었다고 주장한다. 따라서 수학사에서 원주율 3은 열왕기가 쓰인 시기인 대략 기원전 550년에 위치한다(wikipedia; Arndt, Beckmann 1971, 15; Haenel 2000, 169). 그러나 H. 셰플러(Schepler, 1950)는 성경에서의 원주율 3을 기원전 950년으로 주장하기도 한다.

청동 대형 물탱크의 모양은 성경학자들이 제시해 왔다. G. 바톤(Barton 1913)이 제시한 보양은 다음과 같나.

그림 3.31 솔로몬의 청동 대형 물탱크

1959년에 개봉된 영화 K. 비더(Vidor) 감독의 '솔로몬과 시바(Solomon and Sheba)'에서 청동 대야를 만나 볼 수 있다(**그림 3.32**).

그림 3.32 Molten Sea(솔로몬과 시바의 여왕, 1959)

다양한 시각으로 $\pi_{Bible}=3$ 보다 더 정확한 근삿값을 제시하기도 한다(Simoson 2009; Arndt and Haenel 2000, 169). 그 이유는 기원전 2000년경에 고대 이집트나 고바빌로니아에서 원주율이 3, 3.16, 또는 3.125로 사용되었기 때문에 거의 1500년이 지난 이후에 기원전 550년경의 원주율이 3이라는 것이 납득하기가 어려울 수가 있다. 성경에서 구체적 구조물의 수치를 정확하게 기록하는 데 관심이 없다는 특징으로 소수점 이하를 버리고 정수 부분 3을 기록했다고 볼 수도 있다. 이에 대한 근거는 탈무드에서 찾을 수 있다. 구약성경에 대한 주석인 유대 탈무드는 서기 500년경에 출판되었다. 이 늦은 시기에도 탈무드(Eruvin 14a)는 "원주가 세 손 폭, 지름은 한 손 폭"이라고 기술하고 있다(Beckmann 1971, 15; Tsaban and Garber 1998). 또 다른 기하적 성질이 탈무드(Eruvin 56b, 76a)에 나와 있다. 원과 외접하는 정사각형의 넓이를 비율 3/4로 비교한다(Tsaban and Garber 1998). 즉,

$$\frac{\text{원의 넓이}}{\text{정사각형의 넓이}}=\frac{3}{4}$$

고바빌로니아 수학(YBC 7302)에서 이 관계를 추론하였다.

또 다른 접근 중에 하나는 청동 대야의 두께를 고려하는 것이다. 열왕기상 7장 26절에서 청동 대야의 두께를 알 수 있다. 즉, 두께로 언급한 "한 손 폭"을 큐빗으로 설정해 보고 두께의 역할을 생각해 보자. 원주율이 3보다 정교한 근삿값을 갖기 위해서는 바깥지름이 10이고 안쪽 내부 원주가 30이어야 한다.

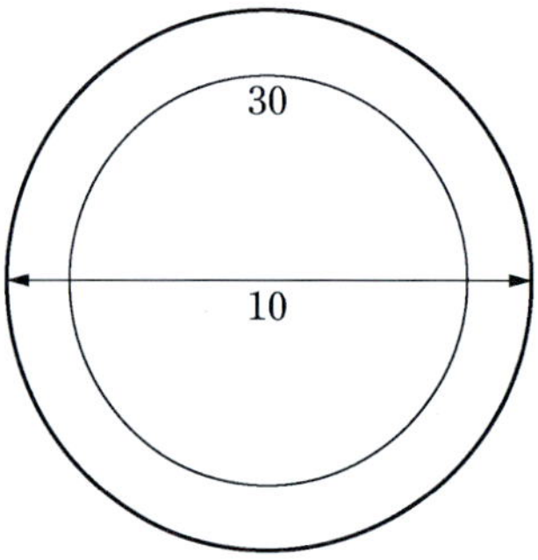

그림 3.33 두께를 고려한 솔로몬의 청동 대야

7장 26절에서 말한 한 손 폭만 한 길이를 0.2큐빗으로 가정하면 다음을 얻는다.

$$\pi = \frac{30}{10 - 2 \times 0.2} = \frac{30}{9.6} = 3\frac{1}{8}$$

따라서, 의도적으로 택한 '한 손 폭'의 길이 0.2큐빗은 수사(Susa)인이 정육각형에서 구한 원주율 $3\frac{1}{8}$과 일치하게 된다. 물론 이와 같은 추론은 학문적 접근이라기보다는 단순히 3보다 정교한 원주율을 구하기 위한 것이기 때문에 비록 다른 주장도 있지만, 수학사에서는 기원전 550년경의 원주율을 성경을 출처로 하여 $\pi_{Bible} = 3$으로 사용하고 있다.

고바빌로니아인들은 원의 원주각과 중심각, 표준화된 정다각형을 다룰 때, 원주율을 3으로 사용하였다. 점토판 YBC 7302에서는 원과 정사각형의 넓이를 비율 3/4로 보고 있다. 이 표준화를 위한 고바빌로니아인의 근삿값이 성경에 반영된 것으로 추정한다(Park 2020).

그림 3.34 레반트 지역 돌꽃병

그림 3.34는 레반트에서 기원전 7세기에서 기원전 5세기에 만들어진 것으로 추정된 돌꽃병이다. 크기를 고려하면 솔로몬 왕궁의 청동 대야의 크기가 가능하다고 본다.

4 장

동심 정사각형

(c.3000 BCE~c.2200 BCE)

사고의 수학적 양상

4장에서는 청동기 시대의 이집트와 바빌로니아의 동심 정사각형(concentric squares)을 수학적, 기하적, 그리고 디자인적으로 다루었다. 청동기 시대 인간 사고의 수학적 양상은 기호화(symbolism)나 추상화(abstraction)로 볼 수 있다. 모델링, 추상화 역시 본 장과 관련된 사고의 수학적 양상이다.

교육분야	용어	해당 카테고리
미국 수학교육	사고의 수학적 양상	기호화, 추상화
IB DP 수학교육	12 개념	근삿값, 일반화, 표현, 시스템
CT 교육	분류	추상화, 분해

국제적 소양

수학은 모양(geometry)과 산술(arithmetic)의 학문이다. 본 장에서는 고대 이집트와 바빌로니아에서 기원전 3000년경에 시작된 동심 정사각형(concentric squares)의 역사를 살펴본다. 동심 정사각형은 예술적 측면과 수학적 측면이 이슬람 지역이나 유럽 지역에서 공존해왔다. 우리나라 고구려 쌍영총이나 최근 1980년대 포스트 모더니즘의 대표적 건축물 중에 하나인 I.M. 페이의 유리 피라미드 터(site) 디자인에 시도 동심 정사각형을 확인할 수 있다.

이 장을 통하여 학생들은 청동기 시대 아시아·아프리카의 가치를 살펴볼 수 있으며 수학 문화의 발전이 독립적이 아닌 상호 문명교류에 의한 결과임을 추정할 수 있다.

개념 이해

- 청동기 시대 동심 정사각형의 수학적 기하적, 디자인적 가치를 이해한다.
- 청동기 시대 아시아·아프리카의 수학 문화적 가치를 현대 건축 입장에서 이해한다.
- 고구려 쌍영총 건축이나 현대 I.M. 페이의 유리 피라미드(glass pyramid) 건축에 사용된 동심 정사각형을 통하여 수학 문화의 전이를 추정해 본다.
- 이슬람 아트 디자인에서 9세기에서 17세기에 핵심적인 디자인으로 환영을 받은 회전하는 이중 직각삼각형의 수학 디자인적 발전을 추론할 수 있다.

- 거대 문명 간 상호 수학 문화 교류의 가치를 이해한다.
- 수학이 사회적 산물인 것을 이해한다.

지식론

이 장에서 3단계로 제시하는 지식론은 모두 7가지이다.

주제1 수메르인과 바빌로니아인의 동심 정사각형	
1	메소포타미아 원수메르인(proto-Sumerian) 시대 점토인장에서 동심 정사각형을 찾아보자.
2	동심 정사각형을 점대칭도형으로 볼 수 있는가?
3	약 1000년 이후 고바빌로니아인은 이를 대각선 규칙 증명에 활용한 것으로 볼 수 있는가?
주제2 점토판 VAT 8512	
1	고아카디안(2340~2200 BCE) 점토판 VAT 8512를 조사해 보자.
2	3명의 학자(노이게바우어, 후버, 호이럽)의 접근의 차이는 무엇인가?
3	호이럽은 왜 동심 정사각형을 그의 추론에 사용하였나?
주제3 적분의 시작	
1	고대 바빌로니아인의 목성궤도 관찰에 사용한 정적분을 설명해 보자.
2	고대 바빌로니아인은 정분의 평균값 정리를 사용한 것으로 볼 수 있는가?
3	미적분의 시작을 뉴턴으로 보는 것은 윤리적인가?
주제4 회전체의 체적	
1	1000년경 이집트 파티마조에서 이븐 알 하이삼(ibn al-Haytam)이 도입한 회전체의 체적을 구하는 방법을 알아보자.
2	구분구적법에서 극한을 어떻게 처리했는가?
3	미적분의 역사를 다시 써야한다는 V. Katz의 주장은 타당한가?
주제5 회전하는 이중 직각삼각형	
1	이슬람 아트 디자인에서 동심 정사각형인 회전하는 이중 직각삼각형이 사용된 디자인을 찾아보자.
2	회전하는 이중 직각삼각형의 대수적 기하적 의미는 무엇인가?
3	회전하는 이중 직각삼각형의 도입에 대하여 3가지 가설이 존재한다. 세 가설의 근거는 무엇인가?
주제6 고구려 쌍영총	
1	동심 정사각형이 사용된 고구려 천장도를 조사해 보자.

2	수학적 구조는 무엇인가?
3	동심 정사각형인 고구려 천장도 구조는 이집트나 바빌로니아의 영향으로 볼 수 있는가?
주제7 I.M. 페이의 유리 피라미드	
1	I.M. 페이의 유리 피라미드 평면(site) 구조를 알아보자.
2	평면을 포함한 쿠푸왕의 대피라미드의 축소인 유리 피라미드 모형을 제작해 보자.
3	I.M. 페이는 동심 정사각형의 이집트나 바빌로니아의 디자인의 가치를 알고 있었을까?

선행지식

- 대각선 규칙
- 무리수
- 등비수열
- 점대칭도형(point symmetry)
- 직각삼각형의 닮음비
- 연립방정식

교사의 암묵지를 위한 주제

- 고대 이집트 단위 체계와 동심 정사각형
- 이슬람 아트 디자인: 회전하는 직각삼각형, 직각이등변삼각형, 이중 직각삼각형
- 정적분론: 고대 바빌로니아인과 파티마조의 이븐 알 하이샴의 업적
- 이슬람 예술에서 수학적 디자인의 발전 이유
- 고대 이집트와 고대 그리스의 4원소론
- 고구려 쌍영총
- I.M. 페이의 유리 피라미드와 포스트 모더니즘

제 1 절 동심 정사각형

제0장과 제2장에서 이집트 측정 체계(큐빗, 르멘, 더블 르멘)와 이집트와 고대 그리스에서 4원소를 어떻게 도형화했는지 알아보았다.

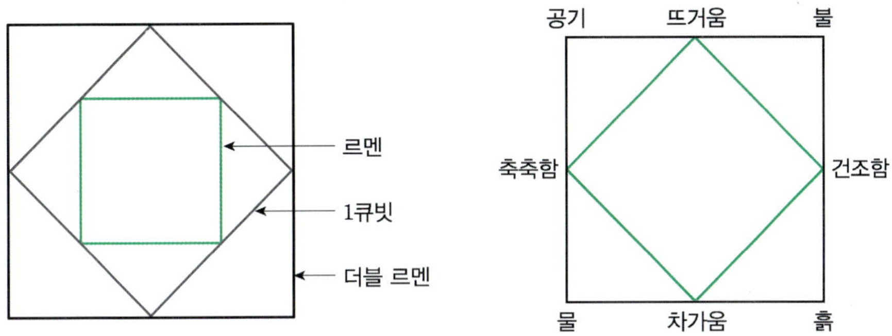

그림 4.1 이집트 단위와 이집트 4원소 도식화

이와 같은 도형은 넓이가 두 배 또는 반 배와 관련이 있는 것으로 '중심이 같은 정사각형(concentric squares)'을 보여주고 있다. 용어 '중심이 같은 정사각형(concentric squares)'을 간단히 '동심 정사각형' 또는 'CS'로 쓰기로 하자.

1. UE 3,393와 상수 *šár*

르그렝(Legrain)에 따르면 아래 그림 4.2는 기원전 3000년기 초 메소포타미아의

그림 4.2 UE 3,393, 우르 왕족의 점토 인장

원수메르인(proto-Sumerian) 젬데트 나스르(Jemdet Nasr) (3100~2900 BCE) 시대로 거슬러 올라가는 고대 도시 우르(Ur)의 왕족 묘지 하단 층에서 출토된 점토 인장이다.

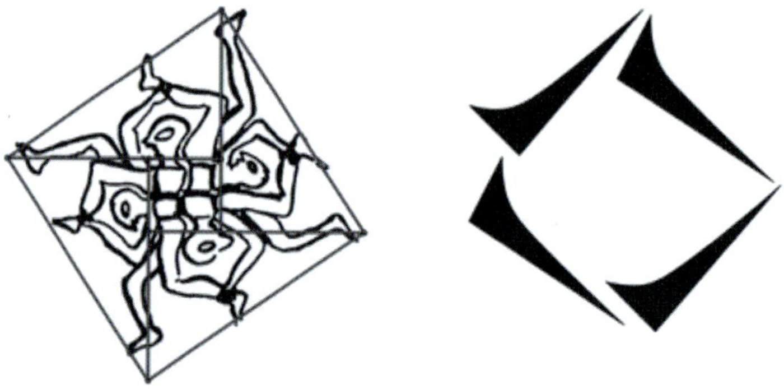

(a) (b)

그림 4.3 점대칭도형과 기호 $\check{s}\acute{a}r$

점토 인장 디자인은 회전하는 직각삼각형의 구조로 점대칭도형을 이루며 동심 정사각형(CS)이라는 디자인 해석과 산술적 해석이 가능하다. 수사에서 발견된 기록(TMS 3)에

$\check{s}\acute{a}r$의 상수값: 57 36 (57 36, the constant of the $\check{s}\acute{a}r$)

로 쓰여 있다. 육십진법 57 36은 십진법으로 $57 \times 60 + 36 = 3456$이다. A. 바이먼(Vaiman)은 이것을 이집트 짝 (36, 48, 60)이 만드는 넓이

$$4\left(\frac{1}{2} \times 48 \times 36\right) = 3456$$

의 직각삼각형 4개가 회전하는 것으로 해석한다(Friberg 2007a, 79). 이집트 짝 (36, 48, 60)은 기본 이집트 짝 (3, 4, 5)의 형태이고 중앙의 정사각형의 한 변의 길이는 $48 - 36 = 12$이다. 한편, 고바빌로니아인은 수 60×60을 $\check{s}\acute{a}r$로 나타내고 기호로써 **그림 4.3**(b)를 사용한다. $\check{s}\acute{a}r$은 회전하는 직각삼각형 또는 중심이 같은 정사각형(CS)이다. 한 변이 60인 바깥 정사각형의 넓이에서 안쪽 정사각형의 넓이를 제외($60^2 - 12^2$)해도 3456이 나온다.

2. VAT 8512와 동심 정사각형

고아카디안(Old Akkadian, 2340~2200 BCE) 점토판 VAT 8512는 **그림 4.4**와 같이 높이가 b인 직각삼각형이 선분 y에 의하여 밑변의 길이가 각각 x_1, x_2인 두 도형으로 나누어지고, 나누어진 두 도형의 넓이를 각각 F_1, F_2라 할 때 연립방정식

$$\begin{cases} b = 30 \\ F_1 - F_2 = \Delta = 7,0 \\ x_2 - x_1 = \delta = 20 \end{cases}$$

의 미지수 y, x_1, x_2, F_1, F_2를 차례로 구하는 문제이다.

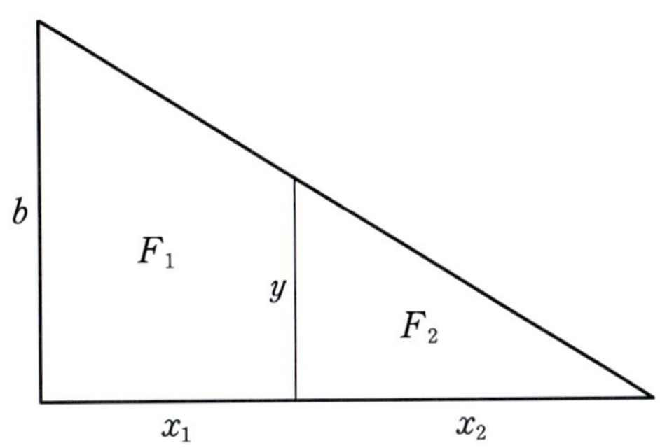

그림 4.4 노이게바우어의 해석

노이게바우어는 1930년대에 고바빌로니아인이 미지수를 결정하는 방법을 제시하였다. 그는 닮음비 $x_1 : x_2 = (b-y) : y$와 주어진 연립방정식으로부터 이차방정식

$$y^2 + 2\frac{\Delta}{\delta}y = \frac{\Delta}{\delta}b + \frac{b^2}{2}$$

의 근

$$y = \sqrt{\{(\Delta/\delta + b)^2 + (\Delta/\delta)^2\}/2} - \Delta/\delta$$

을 고바빌로니아인이 구한 것으로 제시한다(Gandz 1937, 446~447). 한편, 후버(Huber 1955)는 고아카디안 점토판 VAT 8512에 대하여 대수적 방법이 아닌 기하

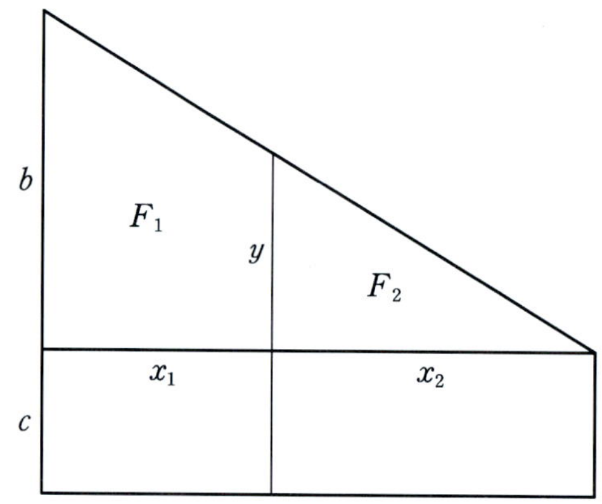

그림 4.5 후버의 해석

적 해법의 가능성을 제시하였다. 이를 알아보자.

후버는 점토판 VAT 8512 앞면에 적힌 3개의 문장 8~10(Høyrup 2002, 235)을 바탕으로 노이게바우어와 다른 방식으로 바빌로니아인들의 풀이를 해석한다. 직각삼각형 아래에 높이가 c인 직사각형을 붙여 사다리꼴을 만들면 앞에서 언급한 연립방정식으로부터

$$(F_1 - F_2) - c(x_2 - x_1) = \Delta - c\delta$$

이고 특히, 이를 0으로 하려면 $c = \Delta / \delta (= 21)$로 택하면 된다. 바빌로니아인들은 **그림 4.5**처럼 한 변의 길이가 $a = b + c$이고 나머지 대응 변의 길이가 c인 사다리꼴의 넓이를 이등분하는 선분의 길이

$$z = \sqrt{(a^2 + c^2)/2}$$

을 구하고 $y = z - c$로부터

$$y = \sqrt{(a^2 + c^2)/2} - c$$

인 기하적 해를 얻는다. 이를 고아카디안은 이미 기원전 2340년경에 사용하였다 (Friberg 2007a, 2007b; Robson 2008; van der Waerden 1988).

후버나 노이게바우어의 추정과 다르게 접근해 보자.

J. 호이럽(Høyrup)에 따르면, 아마도 이 공식 $y = \sqrt{(a^2 + c^2)/2} - c$은 동심 정

사각형(**그림 4.6**)을 기반으로 처음 발견되었을 것으로 추정한다. 두 개 또는 여러 개의 동심으로 중첩된 정사각형으로 표현된 기하학적 구성은 바빌로니아 수학에서 높이 평가되었으며 이미 기원전 3000년경에도 나타나고 있다(**그림 4.2** 참고). 르네상스 시대까지 건축의 대가들 사이에서 인기를 유지했다(Høyrup 2002; 2023; Rudman 2010, 82). **그림 4.6**과 같이 한 변의 길이가 a 인 정사각형 중앙에 c를 한 변의 길이로 하는 정사각형을 그림과 같이 놓이게 하면 a 에서 c 까지 사다리꼴의 넓이는 $T_{ac} = (a^2 - c^2)/4$이고 이 사다리꼴의 넓이를 2등분하는 변의 길이를 z라 하면 $T_{az} = (a^2 - z^2)/4$. 따라서 $T_{az} = T_{ac}/2$인 z를 구하면 $(a^2 - z^2)/4 = (a^2 - c^2)/8$에서

$$z = \sqrt{(a^2 + c^2)/2}$$

이다.

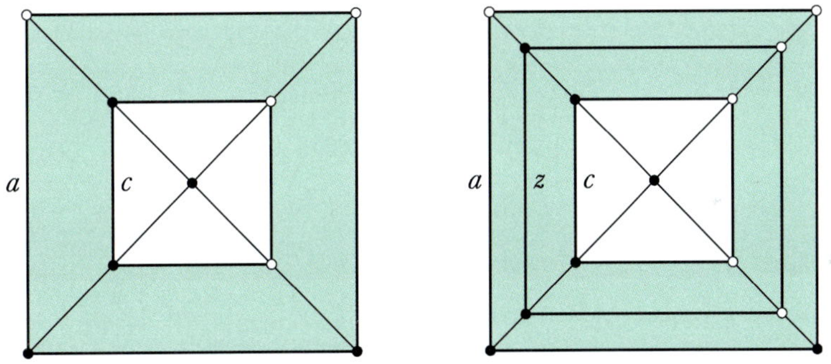

그림 4.6 고아카디안 동심 정사각형의 등분할

물론 그림에서는 a 와 c 의 길이에 제약이 있는 것처럼 보이지만 결과적으로 제약 없이도 식이 성립한다. 이제 세 선분의 길이 a, z, c를 왼쪽부터 차례대로 기호 $[a, z, c]$로 나타내자.

앞에서 살펴본 식 $z = \sqrt{(a^2 + c^2)/2}$ 가 소개된 점토판 IM 58045의 제작 시기는 북바빌로니아를 통치한 살곤(Sargon)왕(c.2340 BCE)의 시기까지 거슬러 올라간다 (Robson 2008). **그림 4.5**에서 제시한 후버의 기하적 해석에서 보면 점토판 VAT 8512는 고아카디안 시기의 수학이 고바빌로니아(2000~1600 BCE) 시대로 전이되

었음을 보여주는 중요한 예이다(Friberg 2007a, 410). 참고로 **그림 4.5**에서처럼 삼각형의 분할에서 얻는 사다리꼴의 넓이와 길이에 관한 문제는 고대 이집트 아메넴하트 3세(1859~1814 BCE) 때에도 사용되고 있었음을 알 수 있다(Chace 1979, 문제 53번).

그림 4.6에서 $a^2 + c^2 = 2z^2$이고 이로부터

$$((a+c)/2)^2 + ((a-c)/2)^2 = z^2$$

이다. 즉, 직각삼각형의 각 변의 길이를 나타내는 이집트 짝 $((a-c)/2, (a+c)/2, z)$을 얻는다. 역으로 직각삼각형에서 만들어진 이집트 짝 (s, u, d)로부터 $a = u+s$, $z = d$, $c = u-s$인 사다리꼴의 이등분을 나타내는 짝 $[u+s, d, u-s]$를 얻는다. J. 프라이베르크(Friberg 2007b)에 따르면 고바빌로니아인들이 많이 사용한 사다리꼴의 이등분을 나타내는 짝은 $[17, 13, 7]$이며 이는 직각삼각형을 나타내는 이집트 짝 $(5, 12, 13)$을 만든다. 특히, **그림 4.6**에서 해 $[51, 39, 21]$은 $[3\times 17, 3\times 13, 3\times 7]$로 나타낼 수 있다.

사다리꼴의 이등분 공식은 고대 바빌로니아인이 목성 궤도를 계산하는 데 사용된다. 2016년에 세계 최고의 권위를 가진 저널 〈Science〉는 목성 관련 두 편의 논문을 출간한다. 하나는 오센드리버의 것이고 나머지 하나는 코웬(Cowen, 2016)의 논문이다. 후자의 제목 "Ancient Babylonians took first steps to calculus"에서 보듯이 뉴턴이나 라이프니츠로 학교수학에서 접했던 미적분의 시초를 이들은 고대 바빌로니아에 두고 있다. 2016년 이전인 1995년 카츠(V. Katz)는 미적분의 시작을 이슬람(이븐 알 하이샴, ibn al-Haytham)과 인도에 두었다(Katz 1995; Corbin 1997).

오센드리버는 2016년 네 개의 추가적인 점토판(Text B, C, D, E)과 이후에 발견된 점토판(Text A)의 해석을 통하여 바빌로니아인들이 기원전 350년에서 기원전 50년 전 사이에 목성의 위치를 사다리꼴을 이용한 적분 방법으로 계산하였다고 발표하였다(Ossendrijver 2016). Text A에서 황도를 따르는 목성의 움직임은 각속도(단위: degree/day)로 표현되고 이를 적분한 목성의 전체이동은 각으로 계산된다. 정의역은 60일을 단위로 0일부터 120일로 한다.

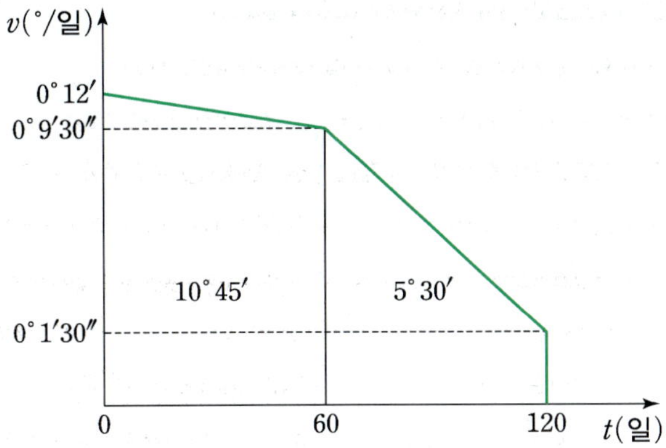

그림 4.7 목성의 운동에 대한 시간-속도 그래프

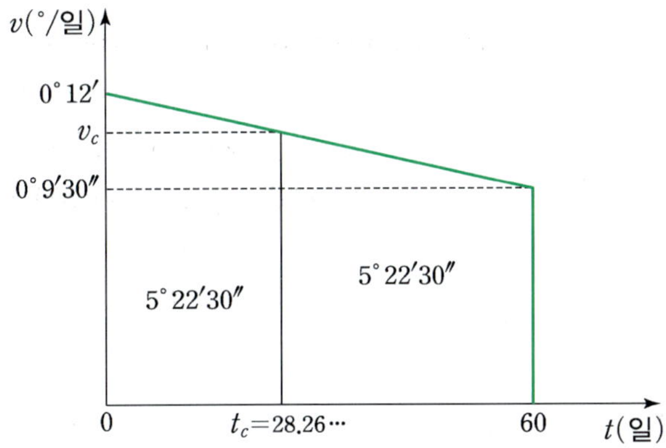

그림 4.8 처음 60일에 대한 사다리꼴의 등분할

Text B, D, E에서 바빌로니아인들은 첫 구간 $[0, 60]$에서 목성이 중간에 위치하는 시간(day) t_c를 계산하는데 **그림 4.8**에서처럼 사다리꼴을 이등분하는 직선의 길이 v_c를 먼저 구하고 이로부터 t_c를 구한다. 오센드리버는 **그림 4.8**에서 v_c를 $S_1 = S_2$로부터 얻은 식

$$S_1 = t_c(v_0 + v_c)/2 = S_2 = t_2(v_c + v_{60})/2$$

과 $t_2 = 60 - t_c$와 삼각비로부터 얻은 식

$$t_c = 60\,(v_0 - v_c)/(v_0 - v_{60})$$

으로부터 $v_c = \sqrt{(v_0^2 + v_{60}^2)/2}$ 을 얻고 t_c와 t_2를 연이어 구할 수 있는 것으로 현대적 계산을 빌어 설명하였다. 오센드리버가 점토판 VAT 8512를 직접 언급하지는 않았지만, 고아카디안, 고바빌로니안 시대에도 잘 알려진 사다리꼴의 넓이를 이등분하는 알고리즘 $v_c = \sqrt{(v_0^2 + v_{60}^2)/2}$ 을 공식으로 직접 사용하여 v_c를 구하고, 이를 삼각비에서 얻은 식에 대입하여 t_c와 $t_2 (= 60 - t_c)$를 구한 것으로 보인다.

Text B에서 도입한 변수 $u^2 = (v_0^2 - v_{60}^2)/2$는 아마도 v_c를 구하는 또 다른 공식으로 볼 수 있다. 그 이유는 $v_0^2 - u^2 = v_c^2$이기 때문이다. 따라서 고대 바빌로니아인들이 두 개의 공식 $v_c = \sqrt{(v_0^2 + v_{60}^2)/2}$ 와 $u^2 = (v_0^2 - v_{60}^2)/2$을 사용하여 t_c와 t_2를 구했을 것으로 추정된다.

결론적으로 바빌로니아인들의 적분(**그림 4.7** 참고)은 사다리꼴을 이용하여 넓이를 구하는 것(trapezoidal approximation)으로 현대적 기호를 사용하면 다음과 같이 나타낼 수 있다.

$$
\begin{aligned}
s &= \int_0^{120} v\,dt \fallingdotseq \frac{\Delta t}{2}(v_0 + 2v_{60} + v_{120}),\ \ \Delta t = \frac{120-0}{2} \\
&= \frac{60}{2}(0^\circ 12' + 2\times(0^\circ 9'30'') + 0^\circ 1'30'') \\
&= \frac{60}{2}(0^\circ 32'30'') = 60(0^\circ 16'15'') \\
&= 16^\circ 15'
\end{aligned}
$$

오센드리버가 해석한 점토판이 만들어진 시기에 해당되는 셀레우코스(Seleucid) 왕조(330~125 BCE)[1]때, 천문학의 발달로 인하여 바빌로니아인들은 순환소수를 포함한 17×10^{12}까지의 역수를 사용하였다. 1/7의 경우, 육십진법으로, 0; 8, 34, 16, 59 < 1/7, 0; 8, 34, 18 > 1/7로 언급되는데 1/7은 8, 34, 17이 순환한다(Neugerbauer 1957). 특히, 바빌로니아인들이 목성에 관심을 갖는 이유는 네부카드네자르 1세(Nebuchadrezzar, 재위 기간: 1124~1103 BCE)가 마르두크(Marduk)를 바빌론의 수호신일 뿐 아니라 바빌로니아를 다스리는 모든 신 가운데 최고의 신으로 선포했으며(Cotterell 2013), 바빌론의 수호신인 마르두크는 목성과 동일시되었기 때문인 것

1 랍슨(E. Robson, 2008)이 제시한 연대를 따랐다.

으로 추정할 수 있다. 따라서 고대의 바빌로니아 천문학자들은 하늘을 가로지르는 이 행성의 궤도를 주의 깊게 도표화하였다(Cowen 2016).

3. IM 67118

제2장에서 자세히 알아본 대로 J. 프라이베르크는 고바빌로니아(2000~1600 BCE)의 IM 67118의 계산을 바탕으로 직각삼각형 성질의 증명 가능성을 **그림 2.8**로 제시하였다.

이를 메소포타미아 지역에서 기원전 3000년경부터 사용되어온 동심 정사각형으로 대각선 규칙을 증명한 것으로 본다.

고아카디안(**그림 4.6**)과 고바빌로니안(**그림 4.9**)의 CS를 다음과 같은 그림으로 제시할 수 있다. 모양은 CS이며 산술로는 띠의 이등분 및 직각삼각형 성질의 증명이다.

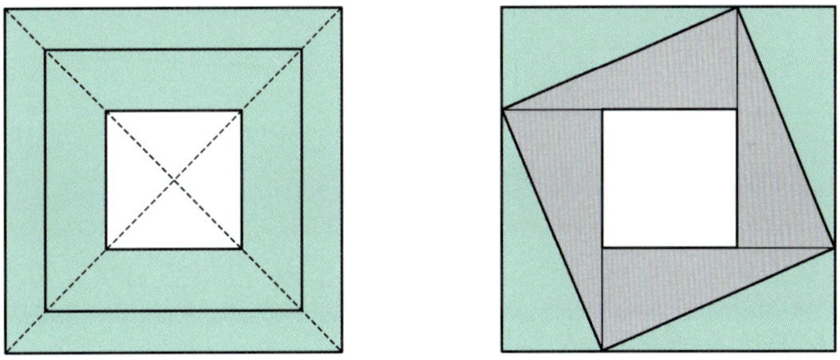

(a) (b)

그림 4.9 고아카디안과 고바빌로니안의 CS

4. YBC 7359

고바빌로니아의 점토판 YBC 7359의 앞면과 뒷면에 동일한 크기의 CS가 그려져 있다. 앞면의 도형은 정교하게 교사가 그린 것이고 뒷면의 도형은 서투른 것으로 보아 학생이 그린 것으로 추측한다. 이 점토판을 산술로 보면

- 내부 정사각형은 한 변의 길이가 3으로 넓이 9를 표시했고
- 외부 정사각형은 한 변의 길이가 10으로 넓이 100(1;40)을 표시했다.
- 사각띠의 넓이 $10^2 - 3^2 = 91 = 1;31$
- 변과 변 사이의 거리 $\frac{10-3}{2} = 3;30$를 기록하였다.

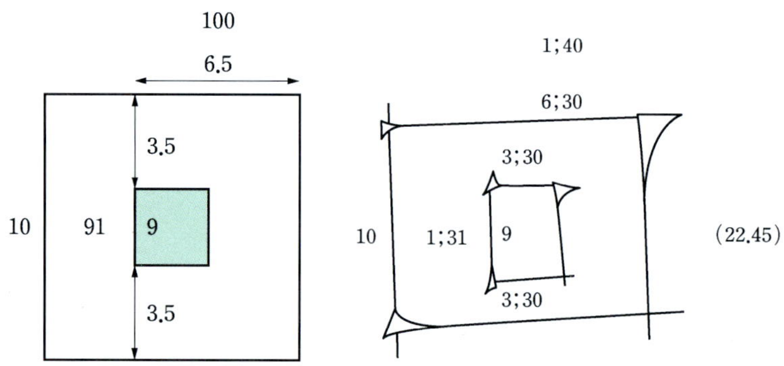

그림 4.10 YBC 7359

MS 5112(318~9), MB 15185, TMS 5 §§7, 8, 9, 그리고 BM 15285 등에서 다양한 CS가 수학에서 다루어지고 있다.

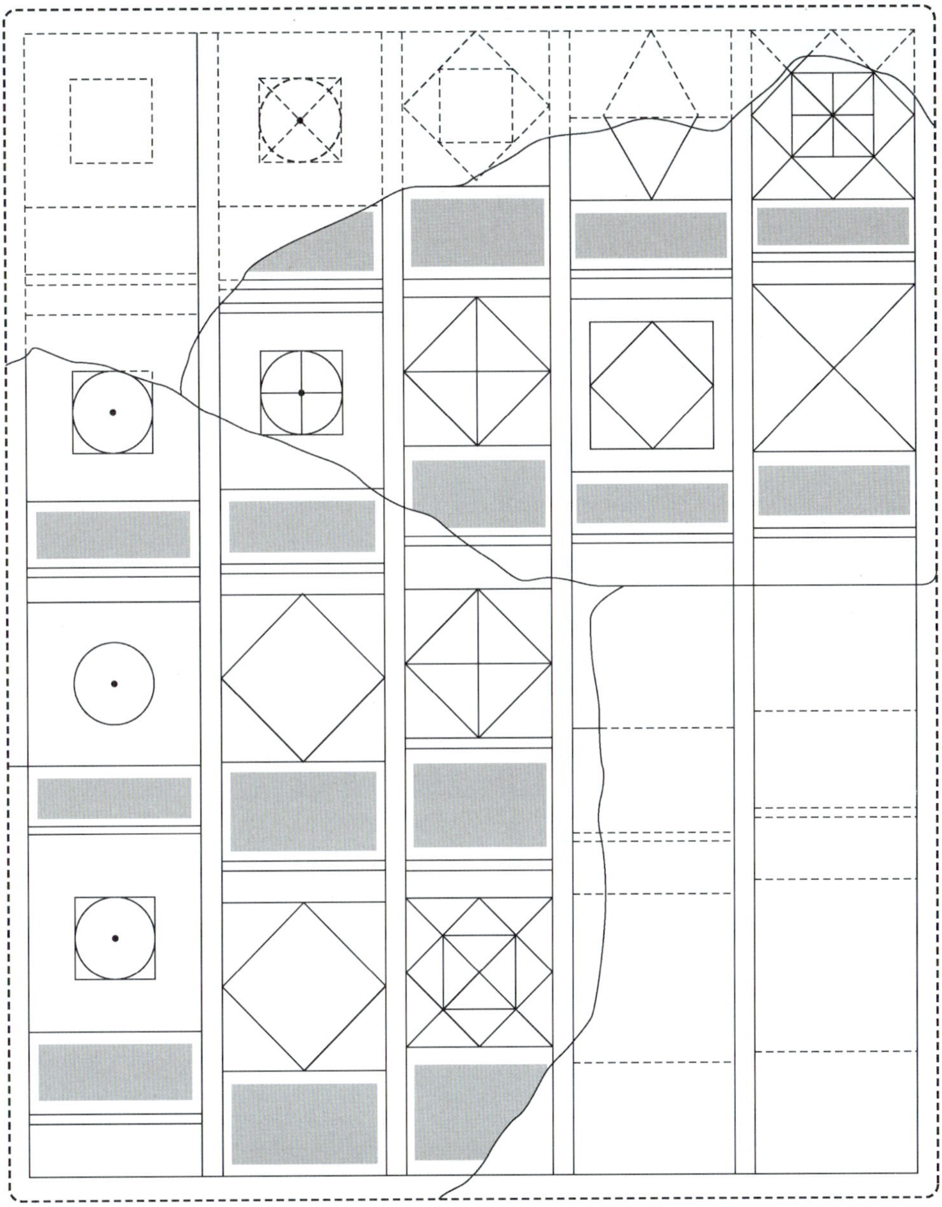

그림 4.11 점토판 BM 15285 뒷면

제 2 절 합리적 논의

CS를 아래 그림과 같이 직각삼각형의 회전, 그리고 직각이등변삼각형의 회전으로 나누어 생각할 수 있다.

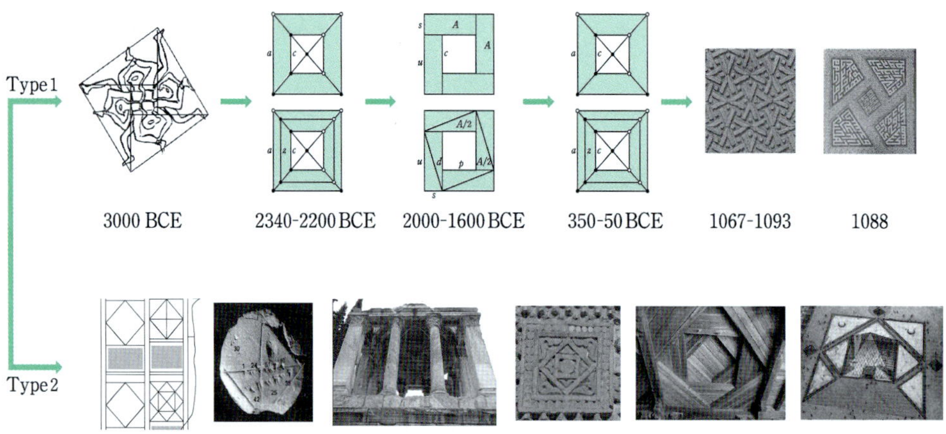

그림 4.12 동심 정사각형(CS)의 분류

이에 대한 몇몇 그림을 제시하였다. 이들의 문화적 연관성에 대하여 생각해 볼 수 있다(Park 2018).

1. 동심 정사각형(CS): 회전하는 직각삼각형

기원전 3000년경에 찾아볼 수 있는 회전하는 직각삼각형은 동심 정사각형이다. 우리가 알아본 고바빌로니아인의 대각선 성질의 증명에 사용되었다. 기원후에 간단히 몇 가지를 살펴보면 Topraq-Kala(히바, 3세기)(그림 4.13), 아블 와파의 정사각형 만들기(그림 4.14), 호레즘 진지(12세기)(그림 4.15) 등을 들 수 있다.

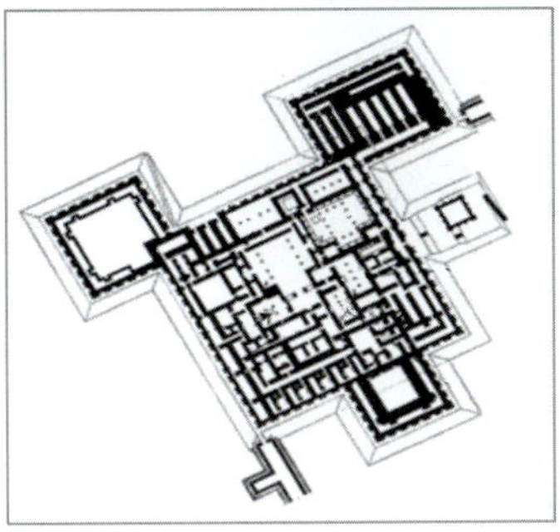

궁전 평면도
Raport and Nerazik, 1984

M. Blatov 2009

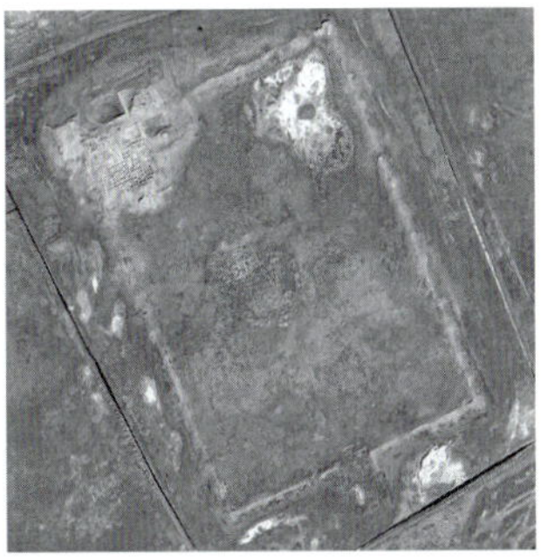

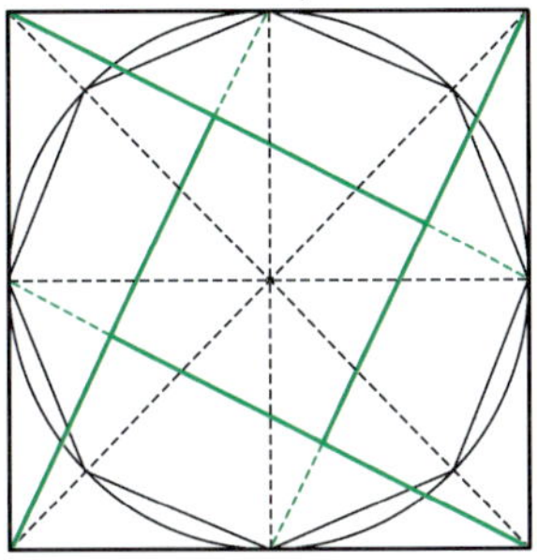

그림 4.13 토프락 칼라(Topraq-Kala) 평면도와 CS(히바, 3세기)

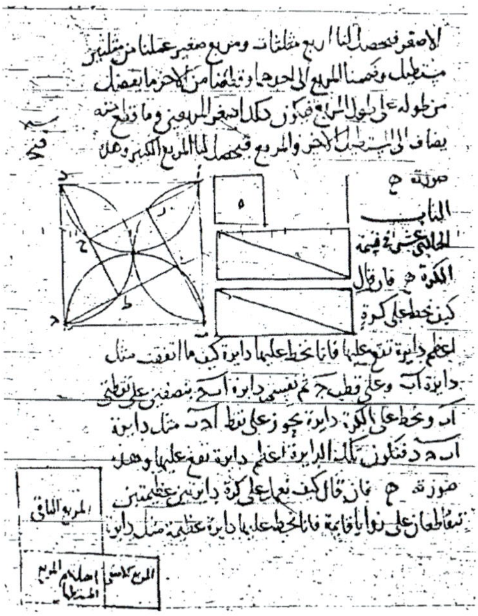

그림 4.14 아불 와파의 CS

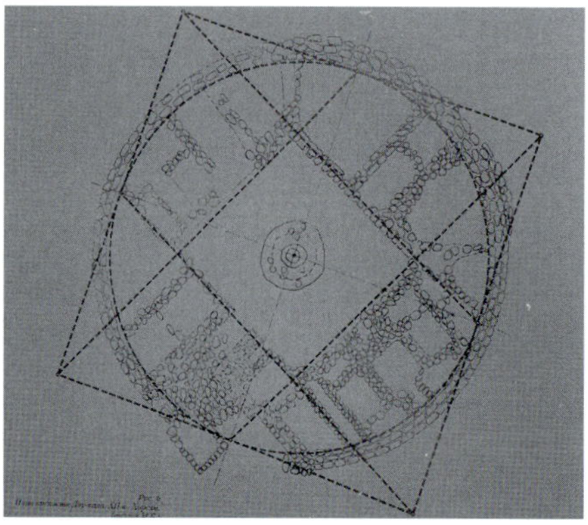

그림 4.15 호레즘 진지 복원도와 CS(12세기)

2. 동심 정사각형(CS): 회전하는 직각이등변삼각형

고대 이집트의 수체계나 고바빌로니아 점토판 BM 15286(뒷면)에서 일아본 회전하는 직각이등변삼각형은 CS의 매우 중요한 예이다. 구무스케센 무덤 기념탑(Milas, 기원전 2세기, 그림 4.16), 이스마일 사마니 묘(부하라, 기원전 9세기, 그림 4.17), 주마 모스크(히바, 1788, 그림 4.18)에서 찾을 수 있다. 특히, 직각이등변삼각형의 회전인 CS는 우리나라 고구려 쌍영총의 천장석(5세기 후반, 그림 4.19)과 최근 I.M. 페이의 유리 피라미드 바닥 디자인(루브르 광장, 1989, 그림 4.21)에서도 찾을 수 있다.

그림 4.16 구무스케센 묘지탑의 CS (Milas, 기원전 2세기)

그림 4.17 이스마일 샤마니 묘의 CS(부하라, 기원전 9세기)

그림 4.18 주마 모스크 천장과 CS(히바, 1788)

그림 4.19 쌍영총 천장석과 CS, 『조선고적도보 2』, 국립문화재연구원, 1915.

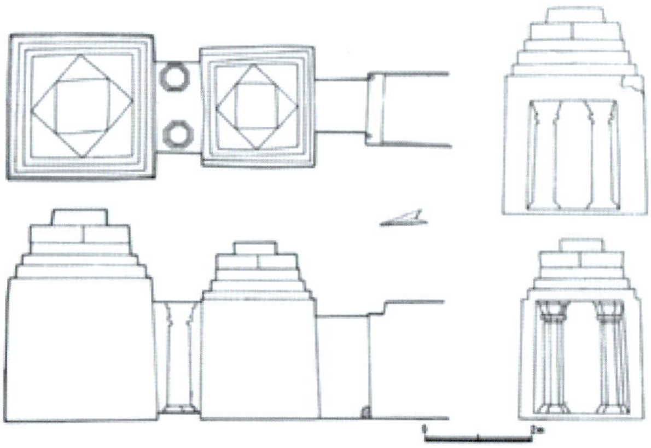

그림 4.20 쌍영총 도면

그림 4.21 I.M. 페이의 유리 피라미드 CS 평면도

3. 동심 정사각형(CS): 회전하는 이중 직각삼각형

동심 정사각형의 예인 회전하는 이중 직각삼각형은 언제부터 시작되었을까?

먼저, 고아카디안 사각띠의 분할은 그림 4.22(a), (b)와 같이 크게 두 가지 유형으로 분류할 수 있다. 이를 세라믹 패널과 보도블록 디자인에서 찾아 볼 수 있다. (a)는 중앙아시아 자메 모스크, 틸라 카리 마드라사, 바라크 한 마드라사, 그리고 (b)는 우즈베키스탄(타슈켄트) 보도블록 등에서 나타난다.

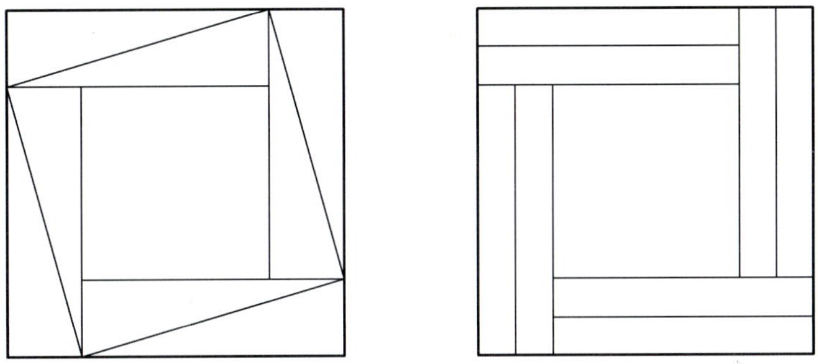

(a) (b)

그림 4.22 CS의 등분할의 예

가) CS: 회전하는 이중 직각삼각형의 시작

이스파한의 자메 모스크(Jameh Mosque)에서 볼 수 있는 세라믹 패널 그림 4.23은 내부 정사각형의 한 변의 길이가 $b-a$이고 연산 $(b-a)^2+4(ab/2)=c^2$ 또는 $b^2-2ab+a^2+2ab=c^2$을 나타낸 디자인이다. 종합하면 이항정리를 사용하여 대각선의 성질 $a^2+b^2=c^2$을 보인 것이다(Chorbachi 1989). 자메 모스크에서는 $a:b=1:2$로 하여 절단을 쉽게 하였다.

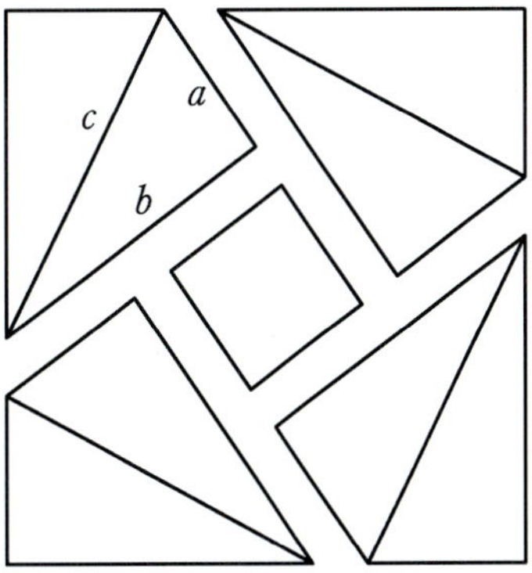

그림 4.23 자메 모스크의 CS, 이스파한

그림 4.23의 디자인 출처를 초바치는 이란 카즈빈 근처의 카라칸(Kharraqan) 묘지탑(1093년)의 벽돌쌓기패턴(Brickwork geometric pattern)에서 발전된 것으로 소개한다(Chorbachi 1989).

또한, 크롬웰과 벨트라미는 중국의 영향으로 주장한다(Cromwell and Beltrami 2011). 이에 반하여, 세라믹 패널 **그림 4.24**를 고 아카디안 사각띠의 등분할(**그림 4.22**(a))에서 **그림 4.24**처럼 모서리 4개의 직각삼각형(사진 왼쪽)을 뒤집어 붙인 것(사진 오른쪽)으로 새롭게 제시한다(박제남, 김상훈 2017).

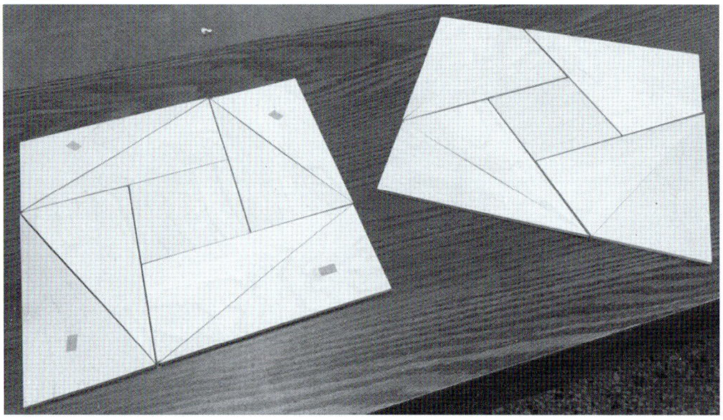

그림 4.24 CS와 세라믹패널의 해석

이와 같은 새로운 해석은 고아카디안 사각띠의 등분할을 기반으로 한 것으로 초바치의 해석보다 간결하며 고아카디안 시대 및 고바빌로니아 시대 때 사용된 수학과도 연결될 수 있다는 장점을 가지고 있다.

그림 4.25 자메 모스크의 CS, 회전하는 이중 직각삼각형(이스파한, 840~841)

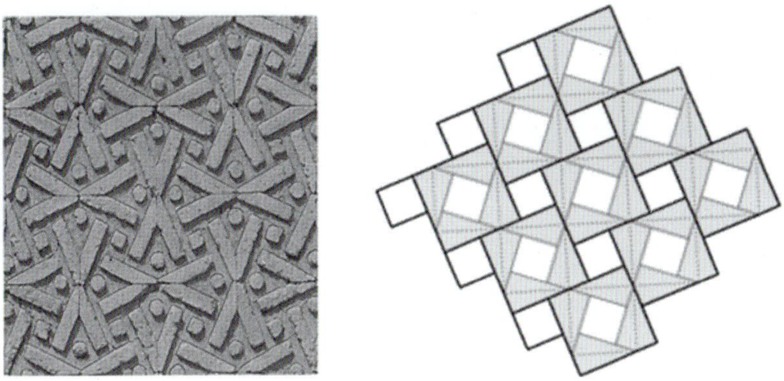

그림 4.26 카라칸 묘지 탑의 CS(회전하는 이중 직각삼각형, 1093)

그림 4.27 바라칸 마드르사(타슈켄트, 1502)

그림 4.28 틸라코리 마드르사(사마르칸트, 1647~1660)

참고문헌

서론

박제남·남호영. (2022). 중동과 이슬람 세계 수학 문화의 수용 규준 연구: IB DP 수학 교육과정의 지식론과 세계시민 소양을 중심으로. 한국이슬람학회논총: 1~30.

Darwin C. R. (장대익 옮김) (2022). 종의 기원. 사이언스 북스: 302~303.

Diploma Programme, IB의 고등학교 프로그램.

IB DP. (2019). *Mathematics: Analysis and Approaches Guide*: 6

K. Devlin. (전대호 옮김) (2011). 수학의 언어. 해나무.

National Research Council. (1989). *Everybody Counts: A Report to the Nation on the Future of Mathematics Education.* The National Academies Press.

Richard van de Lagemaay. (2015). *Theory of Knowledge*. Cambridge Univ. Press.

Wing, J. M. (2006). "Computational Thinking." *Commun. ACM* 49: 33~35

0장

박제남·남호영. (2022a). 지혜의 전당과 코란의 유산 분배 사례로 본 이슬람 대수학의 전통과 시대적 역할. 중동문제연구 21(2): 287~324.

박제남·남호영 (2022b). "Socrates' Lesson in Plato's Meno (82b~85b) - A New Mathematical Perspective." Unpublised (인하대 과학영재교육센터, 정보마당, 참고문헌 #9).

손재범 (2011). 큐-급수와 큐-연분수에 대한 소개, 과학과 지평, 고등과학원 45:8~12.

Abdulaziz, A. (2008). "On the Egyptian method of decomposing 2/n into unit fractions," *Historia Mathematica* 35: 1~18.

Ahmadi, M. H.; Bleicher, M. N. (1998), "On the conjectures of Erdős and Straus, and Sierpiński on Egyptian fractions," *International Journal of Mathematical and Statistical Sciences*, 7 (2): 169~185

Berggren, J. (2003). *Episodes in the Mathematics of Medieval Islam*. New York: Springer.

Bernal, M. (오흥식 옮김) (2011). 블랙 아테나, 제1권, 소나무.

Bernal, M. (오흥식 옮김) (2012). 블랙 아테나, 제2권, 소나무.

Bernal, M. (오흥식 옮김) (2017). 블랙 아테나의 반론. 소나무.

Bonnard, A. (양영란 옮김) (2011). 그리스인 이야기2. 책과함께.

Cajory, F. (1991). *A History of Mathematics*. Rhode Island: AMS.

Chace, A. (1979). *The Rhind Mathematical Papyrus*, NCTM.

Cohen, R. (1973). "Egyptian Fraction Expansions." *Mathematics Magazine* 46(2): 76~80.

Dahan-Dalmedico, A., and Peiffer, J. (2010). *History of Mathematics*. MAA.

Diop, C. (1991). *Civilization or Barbarism*. Illinois: Lawrence Hill Books.

Erman, A. (tr. H.M. Tirard) (1984). *Life in Ancient Egypt*. New York: Macmillan.

Gillings, R. (1975). *Mathematics in the Time of the Pharaohs*. Massachusetts: The MIT Press.

Heath, T. (2004). *Aristarchus of Samos: The Ancient Copernicus*. New York: Dover.

Herodotus. (천병희 옮김). (2012). 역사, 경기도: 도서출판 숲.

Hurd, S. (1991). "Egyptian Fractions: Ahmes to Fibonacci to Today." *The Mathematics Teacher* 84(7): 561~568.

Katz, V. (1995). "Ideas of Calculus in Islam and India." *Math. Mag*. 68: 163~174.

Katz, V. (2009). *A History of Mathematics*. New York: Addison-Wesley.

Neugebauer, O. (1969). *The Exact Sciences in Antiquity*. New York: Dover.

Ore, O. (1988). *Number Theory and Its History*. New York: Dover.

Plato. (조대호 옮김) (2011). 파이드로스. 문예출판사.

Rosen, F. (1986). *The Algebra of Mohammed Ben Musa*. New York: Georg Olms Verlag.

Rivest, R., Shamir, A., and Adleman, L. (1978). "A Method for Obtaining Digital Signatures and Public-Key Cryptosystems." *Communications of the ACM*. 21(2): 120~126.

Saidan, A. (1966). "The Earliest Extant Arabic Arithmetic." *Isis* 57(4): 475~490.

Saidan, A. (1973). "The Arithmetic of Abul-Wafa," *Isis* 65(3), 367~375.

Scarre. C., and Fagan, B. (이청규 옮김) (2015). 고대 문명의 이해, 사회평론.

Sigler, L. (2002). *Fibonacci's Liber Abaci: A translation into mordern English of Leonardo Pisano's Book of Calculation*. New York: Springer.

Silverman, J. (2011). *A Friendly Introduction to Number Theory*. New Jergy: Pearson.

Veljan, D. (2000). "The 2500-Years-Old Pythagorean Theorem." *Math. Mag*. 73(4):259~272.

| 1장 |

박제남 (2014). 황금비와 수학교육 담론. 한국수학교육학회지 시리즈 E. 28(2): 281~302.

박제남·남호영 (2022). "Quadrature and the Design of the Great Pyramid of Khufu." Unpublished(인하대 과학영재교육센터, 정보마당, 참고문헌 #9).

Bartlett, P. (2014). "The Design of the Great Pyramid." *Nexus Network Journal* 16: 299~311.

Beard, C. (1968). "The Fibonacci Drawing Board Design of the Great Pyramid of Gizeh." *The Fibonacci Quarterly* 6: 66~68.

Bernal, M. (1992). "Animadversions on the Origine of Western Science." *Isis* 83: 596~607.

Bernal, B. (1994). "Response to Robert Palter." *Hist. Sci.* 22:445~468.

Bernal, M. (오홍식 옮김) (2011). *Black Athena*, Vol. I. 소나무.

Bernal, M. (오홍식 옮김) (2012). *Black Athena*, Vol. II. 소나무.

Bernal M. (오홍식 옮김) (2017). 블랙 아테나의 반론. 소나무.

Butler, H. (1998). *Egyptian Pyramid Geometry: Architectural and Mathematical Patterning in Dynasty IV Egyptian Pyramid Complexes.* Benben Pubs.

Chace, A. (1979). *The Rhind Mathematical Papyrus.* New York: NCTM.

Cruz-Sampedro, J. and Tetlalmatzi-Montiel, M. (2010). "POEM's and Newton's Aerodynamic Frustum." *College Math. J.* 41(2): 145~153.

Euclid (Translated: T. L. Heath). (1956). *The Thirteen Books of the Elements.* New York: Dover.

Fowler, D. (1982). "A Generalization of the Golden Section." *The Fibonacci Quarterly* 20: 146~158.

Friberg, J. Amazing traces of a Babylonian origin in Greek mathematics

Gillings, R. (1964). "The Volume of a Truncated Pyramid in Ancient Egyptian Papyri." *The Mathematics Teacher* 57(8): 552~555.

Gillings, R. (1975). *Mathematics in the time of the pharaohs.* Massachusetts: The MIT Press,

Hambidge, J. (1919). *The Elements of Dynamic Symmetry.* New York: The Yale University Press.

Heath, T. (1981). *A History of Greek Mathematics, I: From Thales to Euclid.* New York: Dover.

Herodotus. (천병희 옮김) (2012). 역사. 도서출판 숲.

Herz-Fischler, R. (1987). *A Mathematical History of Division in Extreme and Mean Ratio.* Ontario: Wilfire Laurier University Press.

Jodidio, P. (2009). *I. M. Pei La Pyramide du Louvre.* New York: Louvre.

Karpinski, L. (1915). *Robert of Chester's Latin Translation of the Algebra of Al-Khowarizmi.* London: The Macmillan Company.

Landauro, Inti. (2016). "Street Artist JR Makes Louvre Pyramid Disappear," *The Wall Street Journal*, May 24.

Lumpkin, B. (1980). "The Egyptian and Pythagorean Triples." *Historia Mathematica* 7: 186~187

Markowsky, G. (1992). "Misconceptions About the Golden Ratio." *College Math. J.* 23(1):

2~19.

Nettgeens, P. (윤길순 옮김) (2003). 건축 이야기. 도서출판 동녘.

Newton, I. (tr. I. Cohen and A. Whitman) (1999). *The Principia*. California: Univ. of California Press.

Palter, R. (1993).“Black Athena, AproCentrism, and the History of Science.” *Isis* 21: 227~287.

Plato. (이상인 옮김) (2009). 메논. 서울: 이제이북스.

Redin, I., Viet, N., and Watson, S. (2000). “Thales’ Shadow.” *Mathematics Magazine* 73(9): 347~353.

Rossi, C. (2007). *Architecture and Mathematics in Ancient Egypt.* Cambridge University Press, Cambridge.

Solé, R. (1998). *Les Savants de Bonaparte.* Paris: Athenee Publishing Co.

|2장|

류지영 (2005). 한국 전통 조각보의 정각계열체 결합구조. 홍익대학교 대학원.

전헌상 (2013). 플라톤의 《메논》에서의 메논의 역설과 상기설. 지중해지역연구 15(1): 31~58.

Allman, G. (1889). *Greek Geometry: From Thales to Euclid.* Dublin: Dublin University Press.

Baragar, A. (2002). “Construction Using a Compass and Twice-Notched Straightedge.” *Amer. Math. Monthly* 109: 151~164.

Bernal, M. (1992). “Animadversions on the Origines of Western Science.” *Isis* 83(4): 596~607.

Bernal, M. (오흥식 옮김) (2011). 블랙 아테나, 제1권. 소나무.

Bernal, M. (오흥식 옮김) (2012). 블랙 아테나, 제2권. 소나무.

Bernal, M. (오흥식 옮김) (2017). 블랙 아테나의 반론. 소나무.

Bonnard, A. (양영란 옮김) (2011). 그리스인 이야기2. 서울: 책과함께.

Brown, E. (1999). “Square Roots From 1; 24, 51, 10 to Dan Shanks.” *College Math. J.* 30: 82~95.

Burton, D. (2007). *The History of Mathematics*. New York: McGraw-Hill.

Chace, A. (1979). *The Rhind Mathematical Papyrus*. Virginia: NCTM.

Dantzig, T. (1955). *The Bequest of the Greeks*. London: Unwin Brothers.

Euclid. (tr. T. Heath) (1956). *The Thirteen Books of the Elements*. New York: Dover.

Eves, H. (1990). *An Introduction to the History of Mathematics*. The Saunders Series.

Fowler, D. and Robson, E. (1998). “Square Root Approximations in Old Babylonian Mathematics: YBC 7289 in Context.” *Historia Mathematica* 25: 366~378.

Friberg, J. (2007a). *A Remarkable Collection of Babylonian Mathematical Texts*. New York:

Springer.

Friberg, J. (2007b). *Amazing Traces of a Babylonian Origin in Gree Mathematics.* New Jersey: World Scientific.

Fritz, K. (1945). "The Discovery of Incommensurability by Hippasus of Metapontum." *Annals of Math.* 46: 242~264.

Gillings, R. (1975). *Mathematics in the Time of the Pharaohs*. Massachsetts: The MIT Press.

Heath, T. (1981a). *A History of Greek Mathematics, I*. New York: Dover.

Heath, T. (1981b). *A History of Greek Mathematics, II*. New York: Dover.

Høyrup, J. (2002). *Lengths, Widths, Surfaces.* New York: Springer.

Iamblichus. (Text, Translation, and Notes: J. Dillon and J. Hershbell) (1991). *On the Pythagorean Way of Life*. Atlanta: Scholars Press.

Jackson, K., and Stamp, J.(정주현 옮김) (2006). 피라미드, 상상 그 너머의 세계. 샘터.

Karpiniski, L. (1915). *Robert of Chester's Latine Translation of the Algebra of Al-Khowarizmi*, Lindon: The MacMillan Com.

Kitto, H. (김진경 옮김) (2004). 그리스 문화사, 서울: 탐구당.

Kline, M. (1972). *Mathematical Thought from Ancient to Modern Times, Vol. 1*. Oxford: Oxford Univ. Press.

Lumpkin, B. (1980). "The Egyptians and Pythagorean Triples." *Historia Mathematica* 7: 186~187.

Merzbach, U., and Boyer, C. (2011). *A History of Mathematics.* New Jersey: Wiley.

Muroi, K. (2001). "Reexamination of the Susa Mathematical Text No. 12: A System of Quartic Equations." *Sciamvs* 2: 3~8.

Neugebauer, O. (1969). *The Exact Sciences in Antiquity*. New York: Dover.

Ostermann, A., and Wanner, G. (2012). *Geometry by Its History*. New York: Springer.

Palter, R. (1993). "Black Athena, Afro-Centrism, and the History of Science." *His. Sci.* 31: 227~287

Park, J. (2022). "Plato's Geometric Figure and Thales Theorem: Meno 86e~87b." *Mediterranean Review* 13(1): 45~63.

Park, J., and Nam, H. (2022). "Socrates' Lesson in Plato's Meno (82b~85b) – A New Mathematical Perspective." Unpublished.

Plato. (조대호 옮김) (2008). 파에드로스. 서울: 문예출판사.

Plato. (이상인 옮김) (2009). 메논. 서울: 이제이북스.

Plato. (정준영 옮김) (2013). 테아이테토스. 서울: 이제이북스.

Plato. (박종현·김영균 옮김) (2000). 티마이오스. 경기도: 서광사.

Plutarch. (홍사중 옮김) (2010). 플루타르크 영웅전 I. 서울: 동서문화사.

Plutarch's Moralia Book 8 Chapter 2 Section 1

Popper, K. (ed Miller, D.)(이한구 외 옮김) (2018). 포퍼 선집. 철학과 현실사.

Rossi, C. (2003). *Architecture and Mathematics in Ancient Egypt*. Cambridge: Cambridge Univ. Press.

Robins, G. (1990). "Irrational Numbers and Pyramds." *Discussions in Egyptology* 18: 43~53.

Robson, E. (2002). Words and Pictures: New Light on Plimpton 322, Amer. Math. Monthly 109: 105~120.

Sachs, A. (1952). "Babylonian Horoscopes." *Journal of Cuneiform Study* 6: 49~75.

Suzuki, J. (2002). *A History of Mathematics*. New Jersey: Prentice Hall.

Thoukydides. (천병희 옮김) (2013). 펠로폰네소스 전쟁사. 경기도: 도서출판 숲.

Van Brummelen. (2009). *The Mathematics of the Heavens and the Earth.* Princeton: Princeton Univ. Press.

Veljan, D. (2000). "The 2500-Year_Old Pythegorean Theorem." *Mathematics Magazine* 73(4): 259~272.

Wells, D. (1997). The Penguin Dictionary of Curious and Interesting Numbers. New York: Penguin Books.

| 3장 |

Arndt, J., and Haenel, C. (2000). π *Unleashed.* New York: Springer.

Barton, G. (1913). *Archaeology and the Bile*. Philadelphia: American Sunday-School Union.

Beard, C. (1968). "The Fibonacci Drawing Board Design of the Great Pyramid of Gizeh." *The Fibonacci Quarterly* 6: 66~68.

Beckmann, P. (1971). *A History of Pi*. New York: St. Martin's Press.

Bernal, M. (오흥식 옮김) (2011). 블랙 아테나1. 소나무.

Bernal, M. (오흥식 옮김) (2017). 블랙 아테나의 반론. 소나무.

Burton, D. (2007). *The History of Mathematics*. Boston: MaGraw-Hill.

Chace, A. (1979). *Rhind Mathematical Papyrus*. NCTM.

Clagett, M. (1999). *Ancient Egyptian Science: A Source Book. Volume 3: Ancient Egyptian Mathematics. Memoirs of the American Philosophical Society 232*. Philadelphia: American Philosophical Society

Cooper, L. (2010). "A New Interpretation of Problem 10 of the Moscow Mathematical

Papyrus." *Historia Mathematica* 37: 11~27.

Cooper, L. (2011). "Did Egyptian Scribes Have an Algorithmic Means for Determining the Circumference of a Circle?" *Historia Mathematics* 38: 455~484.

Diop, C. (tr. Ngermi, Y.)(1991). *Civilization or Barbarism: An Authentic Anthropology*. Illinois: Lawrence Hill Books.

Ebbinghaus, H., *et al* (1991). *Numbers*. New York: Springer-Verlag.

Engels, H. (1977). "Quadrature of the Circle in Ancient Egypt." *Historia Mathematica* 4: 137~140.

Friberg, J. (2007). *Amazing Traces of a Babylonian Origin in Greek Mathematics*. New Jersey: World Scientific.

Gillings, R. (1975). *Mathematics in the Time of the Pharaohs*. Massachusetts: The MIT Press.

Heath, T. (1981). *A History of Greek Mathematics, II*. New York: Dover.

Heath, T(ed.). (2001). *The Works of Archimedes*. New York: Dover.

Ilyin, M., and Segal, E.(동완 옮김)(1999). 인간의 역사 2. 연구사.

Knorr, W. (1975/76). "Archimedes and the Measurement of the Circle: A New Interpretation." *Archive for History of Exact Sciences* 15: 115~140.

Lima, F., and Jordão, P. (2022) "Why is it that the Ratio of Any Circle's Circumference to its Diameter is a Constant?" *The College Mathematics Journal* 53(3): 171~182.

Martin, T. (2011). 고대 그리스 역사. 서울: 가람기획.

Miatello, L. (2013). "Problem 10 of the Moscow Mathematical Papyrus: Corrupted Part or Techically?" *Gőttinger Miszellen* 237: 55~70.

Neugebauer, O. (1969). *The Exact Sciences in Antiquity*. New York: Dover.

Palter, R. (1993). "Black Athena, AproCentrism, and the History of Science." *History of Science* 31(3): 227~287.

Park, J. (2020). "Controversial History of Pi in Ancient Egypt, Old Babylonia, and Ancient Greek Mathematics." *Journal for History of Mathematics* 33(4): 223~236

Park, J., and Nam, H. (2022). Socrates' Lesson in Plato's Meno (82b~85b) – A New Mathematical Perspective. Unpublished.

Phillips, G. (1981). "Archimedes the Numerical Analyst." *The American Mathematical Monthly* 88(3): 165~169.

Plato. (박종현 · 김영균 옮김) (2000). 티마이오스. 서광사.

Plato. (이상인 옮김) (2010). 메논. 이제이북스.

Plato. (정준영 옮김) (2013). 테아이테토스. 이제이북스.

Plutarchos. (홍사중 옮김) (2014). 플루타르크 영웅전 I. 동서문화사.

Popper, K. (이한구 옮김) (2013). 열린 사회와 그 적들 I. 민음사.

Richeson, D. (2015). "Circular Reasoning: Who First Proved That C/d Is a Constant?" *College Mathematics Journal* 46: 162~171.

Robins, G., and Shute, C. (1987). *The Rhind Mathematical Papyrus: an Ancient Egyptian Text.* New York: Dover.

Rudman, P. (2010). *The Babylonian Theorem.* New York: Prometheus Books.

Simoson, A. (2009). "Solomon's Sea and π." *The College Mathematics Journal* 40(1): 22~32.

Scarre, C., and Fagon, B. (이청규 옮김) (2015). 고대 문명의 이해. 사회평론.

Schepler, H. (1950). "The Chronology of Pi." *Mathematics Magazine* 23(3): 165~170.

Tsaban, B., and Garber, D. (1998). "On the Rabbinical Approximation of π." *Historia Mathematica* 25: 75~84.

| 4장 |

박제남 · 김상훈, (2017). 이슬람 아트 디자인: 우즈베키스탄 세라믹 페널 및 보도블록을 중심으로. 한국이슬람학회논총 제27-2집: 31~60.

Chace, A. (1979). *The Rind mathematical papyrus*, Ohio: NCTM.

Chorbachi, W. (1989). "In the tower of babel: Beyond symmetry in Islamic design." *Computers Math. Applic.* 17(4-6), 751~789

Corbin, H. (김정위 옮김) (1997). 이슬람 철학사. 서광사.

Cotterell, A. (김수림 옮김) (2013). 아시아 역사. 서울: 지와 사랑.

Cowen, R. (2016). Ancient Babylonians took first steps to calculus, *Science,* 351, 435.

Cromwell, P. and Beltrami, E. (2011). "The whirling kites of Isfahan: Geometric vatiations on a theme", *The Mathematical Intelligencer*, 33(3), 84~93

Friberg, J. (2007a). *A remarkable collection of Babylonian mathematical texts*, New York: Springer.

Friberg, J. (2007b). *Amazing traces of a Babylonian origin in Greek mathematics*, New Jersey: World Scientific.

Gandz, S. (1937). "The origin and development of the quadratic equations in Babylonian, Greek, and early Arabic algebra." *Osiris*, 3, 405~557.

Høyrup, J. (2002). *Lengths, widths, surfaces: A portrait of Old Babylonian algebra and its kin*, New York: Springer.

Høyrup. J. (2023). *Algebra in Cuneiform*. LibreTexts. (https://math.libretexts.org)

Katz, V. (1995). "Ideas of calculus in Islam and India." *Math. Mag*, 68, 163~174.

Katz, V. (2009). *A history of mathematics: An introduction.* New York: Addison-Wesley.

Neugebauer, O. (1969). *The exact sciences in antiquity.* New York: Dover

Ossendrijver, M. (2016). "Ancient Babylonian astronomers calculated Jupiter's position from the area under a time-velocity graph." *Science* 351: 482~484.

Park, J. (2018). "Cultural and Mathematical Meanings of Regular Octagons in Mesopotamia: Examining Islam Art Designs. *J. of Historical Culture and Art Research* 7(1): 301~318.

Robson, E. (2008). *Mathematics in ancient Iraq*, New Jersey: Princeton University.

Rudman, P. (2010). *The Babylonian theorem,* New York: Prometheus Books.

Van der Waerden, B. L. (1988). *Science awakening I*, New Jersey: Kluwer Academic Publishers.

찾아보기

| ㅈ |

| ㅊ |

| ㅋ |

| ㅌ |

| ㅍ |

| ㅎ |

| 기타 |

이 저서는 인하대학교의 지원을 받아 연구되었습니다.

청동기 시대의 수학
IB 수학 지식론

지은이 박제남 · 남호영
펴낸이 조경희
펴낸곳 경문사
펴낸날 2024년 3월 4일 1판 1쇄
등 록 1979년 11월 9일 제1979-000023호
주 소 04057, 서울특별시 마포구 와우산로 174
전 화 (02)332-2004 팩스 (02)336-5193
이메일 kyungmoon@kyungmoon.com

값 23,000원

ISBN 979-11-6073-683-0